U0817582

奇妙的儿童科学漫画书

鸟类世界

叁川上◎编著　介于◎绘

江苏凤凰科学技术出版社·南京

图书在版编目（CIP）数据

奇妙的儿童科学漫画书. 鸟类世界 / 叁川上编著 ; 介于绘. — 南京 : 江苏凤凰科学技术出版社, 2024.2
ISBN 978-7-5713-3671-4

Ⅰ. ①奇… Ⅱ. ①叁… ②介… Ⅲ. ①科学知识—儿童读物②鸟类—儿童读物 Ⅳ. ①Z228.1②Q959.7-49

中国国家版本馆 CIP 数据核字 (2023) 第 134828 号

奇妙的儿童科学漫画书 鸟类世界

编　　著	叁川上
绘　　者	介　于
责任编辑	倪　敏
责任校对	仲　敏
责任监制	方　晨
出版发行	江苏凤凰科学技术出版社
出版社地址	南京市湖南路 1 号 A 楼，邮编：210009
出版社网址	http://www.pspress.cn
印　　刷	天津丰富彩艺印刷有限公司
开　　本	787 mm × 1 092 mm　1/16
印　　张	11
插　　页	1
字　　数	216 000
版　　次	2024年2月第1版
印　　次	2024年2月第1次印刷
标准书号	ISBN 978-7-5713-3671-4
定　　价	45.00元

奇妙的儿童科学漫画书

开启奇妙科学探索之旅

人类对科学的执着和探索成就了文明的卓越发展，我们对科学始终抱有敬仰之心。在竞争与机遇并存的当下，我们在关注儿童素质教育的同时，也在思考如何提升儿童的科学素养。

玩是儿童的天性，可以尝试在释放这个天性的基础上，激发儿童的好奇心和探知欲望，让儿童在轻松愉快的氛围中，快速获得科学知识，循序渐进地提升科学素养。为此，本套图书编委会特进行了精心设计：

一、科学主题涵盖广泛，激发和满足儿童的好奇心

本套科普读物根据《义务教育小学科学课程标准》中对小学科学课程内容的要求，特策划了包括物质科学、生命科学、地球与宇宙科学、技术与工程四大主题为分类的图书，帮助小学生奠定较好的科学素养基础。

二、以精彩有趣的漫画故事开启奇妙的科学探险之旅

本套科普读物用生动有趣的语言、精彩纷呈的漫画故事导入科学知识；用主人公问答的形式层层递进，对重点、难点知识加以概括和提炼；用图解和思维导图的形式呈现科学知识，便于儿童理解掌握。

三、科学知识的呈现更加多元化、游戏化、趣味化

故事场景的设定充分考虑儿童的日常生活，注重还原真实场景，这样便于儿童接受和进行沉浸式阅读。除此之外，根据儿童的年龄特点和对新鲜事物、游戏活动的兴趣，主人公带领小读者“上天入地”，尽情遨游奇妙的科学世界。在讲解科普知识时，会适时穿插实操性强的小实验、身临其境的小游戏等互动栏目，让儿童在愉悦且放松的状态下提升动手能力、获得科学新知、陶冶情操。

愿《奇妙的儿童科学漫画书》能伴随小读者们快乐成长。

人物介绍

奇奇

聪明伶俐的小“学霸”，也是富有冒险精神的淘气包，“打破砂锅问到底”的求知欲导致他时不时会闯祸，是妙妙和酷多啦中的“孩子王”。

妙妙

奇奇的妹妹，性格乖巧俏皮，富有同情心，稚气的外表下藏着一颗开朗、勇敢的心。

酷多啦

意外降落到地球的外星猫，因垂涎地球的美食而选择定居地球，因为“猫生地不熟”闹出过许多笑话。关键时刻总能运用超能力化险为夷，是大伙儿的开心果。

博士

学富五车的博士，喜欢鼓捣巧妙的小发明，同时也是指引孩子们探索世界的“老顽童”！

爸爸

奇奇和妙妙的爸爸，经常为闯了祸的孩子们打掩护，让孩子们逃避妈妈的责备。

妈妈

奇奇和妙妙的妈妈，精明强干的一家之主，是典型的“刀子嘴豆腐心”。

目录

CONTENTS

地球，我来啦

警告！警告！飞船偏离航线，偏离航线……
没有偏离航线，我就是要去地球。
王子……可国王的意思是……
别的星球多危险啊，一个不小心就可能“小命呜呼”，老爸一点儿也不心疼我！
听说地球人都很友好善良，一定喜欢我这样可爱的喵星人！再想想那里的美食……
……
那么……就是这个咯！
哦哦哦，看着还不错嘛！
姓名
奇奇
配置
有一个幸福的家
爸爸妈妈和孩子们是好朋友
零食自由
地球！我来啦！！
之后，某个喵星王子在地球洗锅刷碗、择菜扫地……开始了“自己动手、丰衣足食”的生活，可喜可贺。
刷个碗而已，你哭什么？
呜……

1 蝙蝠属于鸟类吗

我们坐着等妈妈吧。
好!
这些是什么鸟,夜晚还能飞?
是蝙蝠,但蝙蝠不是鸟。
会飞的不是鸟是什么?
也有可能是天上的飞机!
可飞机又不是动物。
飞蛾、知了是动物,还会飞,它们是鸟吗?

当然不是，它们这么小，是虫子。
其实是不是鸟，得根据它们的身体特征来判断。
鸟也有体形很小的种类！
别卖关子了，快告诉我吧！
蝙蝠是哺乳动物。
一般来说，宝宝是胎生、妈妈能分泌母乳养育宝宝的动物都是哺乳动物。
哼！怎么会有长着翅膀的哺乳动物。
呃，看来酷多啦还是无法接受这个答案。
算了！我去问爸爸！

爸爸，奇奇和妙妙说蝙蝠不是鸟！
蝙蝠确实不是鸟。
可是它有翅膀！
我不觉得这有什么说服力！
前肢
翼膜
后肢
蝙蝠的“翅膀”其实是它们四肢之间连成的翼膜。
好吧。
书上讲了，小蝙蝠是胎生并且是吃妈妈的乳汁长大的，而小鸟都是卵生的。这回总有说服力了吧？
什么？这太不可思议了！

鸟类的简介

鸟类是恒温动物，它们可以自己保持恒定的体温，不依赖于外部因素。鸟类按生活习性和形体特征分为游禽、涉禽、攀禽、陆禽、猛禽、鸣禽六大类。

鸟类是脊椎动物，前肢进化成翅膀，可以飞行。大多数鸟的身体呈纺锤形，这样的体形可以使飞行更舒适，更省力。同时，鸟类是双足动物，也可以在地面上用双足移动。

为什么蝙蝠不是鸟

判断一种动物是不是鸟，主要看它是否同时具有鸟类的三大特征。

鸟类的三大特征

蝙蝠没有羽毛，是胎生、有牙齿的动物。蝙蝠的这些特征都是哺乳动物的典型特征，因此，蝙蝠不是鸟类。

蝙蝠的特征

2 鸟为什么会飞

啊！
吓我一跳！酷多啦，你不要总是这样突然出现好不好！
我也想像鸟儿一样扇着翅膀优美地飞过来，可是我没有翅膀！
没有翅膀就不能飞吗？
信息检索中……
好像会飞的都有翅膀。

那有翅膀就能飞吗？
信息检索中……
也不是！
那么鸟为什么会飞呢？
讨厌的鸟！竟然把屎拉到我头上！
哈哈！你一定走的是那条林荫小道吧！那里有很多鸟。
才不是！我走的是大路，头顶上什么树都没有，没想到还会被鸟屎砸中……

等等，好像有答案了。
什么答案？
我们刚刚在讨论鸟为什么会飞。
因为它们可以在空中排便，体重变轻就可以飞了。
哈哈哈哈哈……
哈哈哈！酷多啦的“超能力”原来是“超级搞笑能力”！
竟然诋毁我的超能力！我这就检索答案，让你们心服口服。

我们看到的大部分鸟都会飞，这是因为经过漫长的进化过程，鸟的身体外形和内部构造都形成了适应飞行的特征。

鸟类的飞行原理

（1）鸟的身体呈流线型，可减小飞行时受到的空气阻力。

天鹅
白喉针尾雨燕

（2）鸟类体表不同部位的羽毛有不同的功能，其中飞羽适合飞翔，尾羽则负责保持平衡。

家鸽

（3）鸟类有储存空气的气囊，吸入的空气两次通过肺，协助肺完成双重呼吸，为飞行提供充足的氧气。

（4）鸟的胸肌发达，收缩有力，能牵动两翼产生飞行的动力。

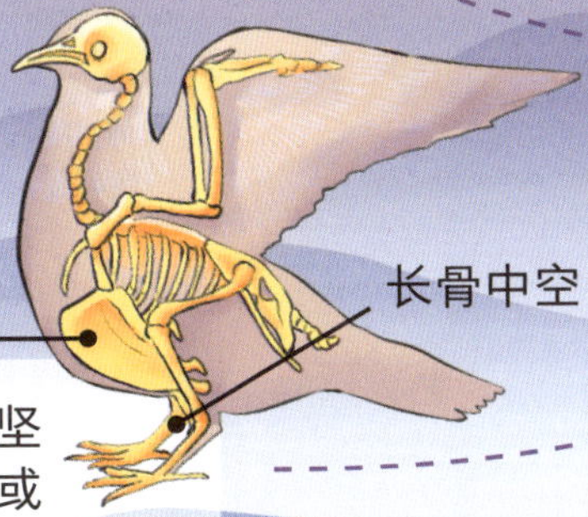

（5）鸟的骨骼轻盈而坚固，骨壁很薄，骨骼中空或有许多充满空气的气腔，从而减轻了体重。

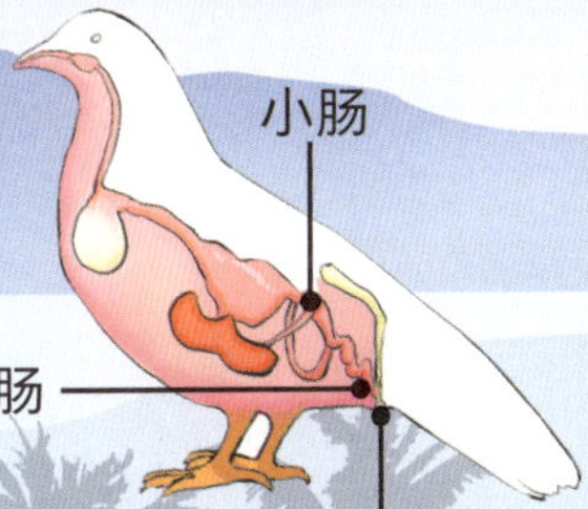

（6）鸟的直肠很短，无膀胱，粪便可以随时排出体外，也有助于减轻体重。

3 什么鸟飞得最高

妙妙，你知道什么鸟飞得最高吗？
嗯……“海阔凭鱼跃，天高任鸟飞”！我不知道！
咳！一定是在念什么咒语。
奇奇，你知道什么鸟飞得最高吗？
嗯……“大鹏一日同风起，扶摇直上九万里”，也许是大鹏吧！
什么是大鹏？
大鹏是传说中的一种大鸟！
传说应该不算吧！我再去问问别人。

爸爸，您知道什么鸟飞得最高吗？
“燕雀安知鸿鹄之志哉”，大概是鸿鹄吧！
又是咒语？
鸿就是大雁，鹄就是天鹅哦。
是吗？我再去问问别人。
博士，您知道什么鸟飞得最高吗？
酷多啦，你什么时候对这个感兴趣了？
我一直想像鸟那样飞，如果我知道什么鸟飞得最高，就可以向它学习了。

你可以先向燕子、麻雀等小鸟学，它们常常在地面附近觅食和筑巢，不需要飞很高。
不，“燕雀安知鸿鹄之志哉”，我就要飞得最高！
哈哈，鸿鹄的确飞得很高，高度跟珠穆朗玛峰差不多吧！
海拔 8848.86 米
哇！看来爸爸说得没错！
但飞得最高的鸟，其实是黑白兀鹫。
1973 年，一架飞机在 11 000 米高度飞行时，把一只黑白兀鹫吸入了引擎内，这是人类已知的飞得最高的鸟了！

不同鸟类的飞行高度

黑白兀鹫

黑白兀鹫的体内含有一种特殊的血红蛋白，可以保证它们在高空飞行时不至于缺氧；已知的最高飞行高度为海拔 11 000 米，但大部分黑白兀鹫都是在海拔 6 000 米左右的高度飞行。

斑头雁

斑头雁的平均飞行高度比黑白兀鹫还要高，群体迁徙时的飞行高度接近海拔 10 000 米，能直接飞越喜马拉雅山。

高山兀鹫

高山兀鹫通常在海拔 6 000 米高空活动，最高可以飞到海拔 9 000 米以上。

黄嘴山鸦

黄嘴山鸦常在山地栖息，它们将巢建在海拔 6 500 米的高处，飞行高度可达海拔 8 100 米。

绿头鸭

绿头鸭通常在海拔 300~1 200 米的高度飞行，最高可以飞至海拔 6 400 米以上的高空。

斑尾塍鹬

斑尾塍鹬在阿拉斯加和西伯利亚地区繁殖，冬天则飞到澳大利亚和新西兰过冬。它们可以在海拔 6 000 米左右的高度飞行。

白鹳

白鹳可以利用上升的热气流进行高空滑翔，迁徙中可飞越海拔 4 900 米左右的山脉。

灰鹤

灰鹤飞行时会伸直脖颈，呈“V”形编队。灰鹤的飞行高度通常在海拔 2 000 米以下。

大天鹅

大天鹅是世界上飞得最高的鸟类之一，飞行高度可达海拔 9 000 米，可飞过珠穆朗玛峰。

4 鸟为什么不怕迷眼睛

好了，已经没事了！下次玩滑翔伞要记得戴护目镜哦！
知道啦，谢谢姐姐！
你们有没有想过一个问题？
什么问题？
午饭吃什么吗？
鸟每天在空中飞，它们为什么不会迷眼睛？
是啊，为什么呢？
大概戴了“护目镜”吧！

鸟类的“护目镜”——瞬膜

瞬膜又称“第三眼睑”，是许多两栖类、爬行类和鸟类所特有的一种半透明眼睑，既不妨碍视线，又可以保护眼睛。

蛇雕

猫头鹰

常见的拥有瞬膜的鸟类

猫头鹰有3层眼睑，一层用来眨眼睛，一层用来睡觉，还有一层则是瞬膜——让眼睛保持健康与清洁。

鸵鸟

翠鸟入水捕鱼时，瞬膜可以防止泥沙进入眼中。

游隼俯冲时的时速可达320千米，瞬膜可以使它们在高速飞行时保持眼球的干净和湿润。

鸵鸟的瞬膜有阻挡沙砾及保护眼睛的作用。

啄木鸟在啄木的瞬间也会闭起瞬膜，防止木屑飞入眼中。

瞬膜可真方便！
人类为什么没有？
半月皱襞
人类的瞬膜已经退化了，
看，就在内眼角这里，
叫作“半月皱襞”。
酷多啦，你
有瞬膜吗？
猫有瞬膜，但是不像鸟类
那样可以自由控制它，只
有在睡觉等放松的状态下，
我们的瞬膜才能被看到。
哈哈，怪不得
你睡觉的时候
会翻白眼！
我们去买护目
镜吧！我还要
再玩一次。
你们有没有想
过一个问题？
猫要不
要戴护
目镜？
不，午饭
吃什么？

5 鸟为什么喜欢“金鸡独立”

咦？这些单脚站立睡觉的是什么？
这是火烈鸟。
上次我们去湿地公园拍到的。
这个动作真搞笑！它们为什么要这样？
所以想问问你的睡姿为什么也那么奇怪？
我们也不知道。
睡姿这种事，是自然而然的，我怎么会知道为什么？
≈
也许火烈鸟缩起一只脚，是想把自己伪装成一棵灌木吧？

也许这种姿势有益健康？就像太极拳中的“金鸡独立”那样。
哈哈哈！你们的猜测太搞笑了！
别笑了，赶紧找答案吧。
哇！搜到了好多结果！
原来许多鸟儿在睡觉或休息时都喜欢“金鸡独立”。
但是鸟儿为什么要“金鸡独立”，答案却不止一个。

"金鸡独立"不是公鸡的独家本领，而是很多鸟儿的"基本功"。

喜欢"金鸡独立"的鸟类

生活中我们可能会看到很多鸟类单脚站立的情况，鸟类不仅可以单脚站立休息或睡觉，还可以单脚站立整理羽毛、觅食，甚至战斗。特别是一些大型的鸟类，如鹤类、鹳类、鹭类等。

"金鸡独立"的作用

（1）保持体温

鸟儿全身覆盖着羽毛，但腿部是裸露的。鸟儿把一条腿藏在羽毛下，可以减少散热面积。气温越低，鸟类单腿站立的时候越多。

（3）缓解疲劳

研究发现，很多鸟儿单脚站立休息时，左右脚站立的频次并没有太大差异，这可能和缓解疲劳有关。就像人类会轮流将重心放在左右脚上，来缓解腿部的疲劳一样。

（2）保持平衡

鸟儿的重心在身体靠前的位置，双脚站立时，要向前弯曲膝盖来保持身体平衡；而单脚站立时，腿部伸直并且与水平地面形成一定的角度，这样能够更轻松地保持身体平衡。

（4）防寄生虫

寄生虫会沿着鸟儿的腿爬上去，只用一只脚站立可以降低寄生虫侵害的概率。

6 雏鸟为什么会认错妈妈

咦？酷多啦，你在干吗？
奇奇，快！救我！
嘎嘎～
嘎嘎～
哈哈哈！你的超能力呢？
是啊，我有超能力！
哇！你从哪儿冒出来的！
啊
唉！总算脱身了！

博士，有一群黄毛小鸟一直追着我跑……
啊？嗯……哦……
根据你的描述，黄毛小鸟应该是小鸭子吧！
它们为什么缠着我不放？
这是它们的本能，小鸭子出生后会把第一眼看到的移动物体当成妈妈。
这与智商无关，动物的这种行为叫作“印随”或“印刻”。
它们的智商真成问题！

动物行为学家
康拉德 · 洛伦兹的实验

洛伦兹把灰雁的蛋分成两组：第一组由雌灰雁孵化，第二组由人工孵化。

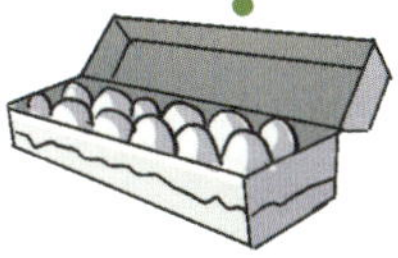

第一组孵出的雏雁第一眼看到的是它们的妈妈，于是和妈妈形影不离。

第二组雏雁第一眼看到的是洛伦兹脚上的雨靴，于是它们把洛伦兹当成了妈妈。

洛伦兹把两组雏雁放在同一个盒子里面。

当盒子打开时，雏雁自动分成了两组，一组跑向雌雁，一组跑向洛伦兹。

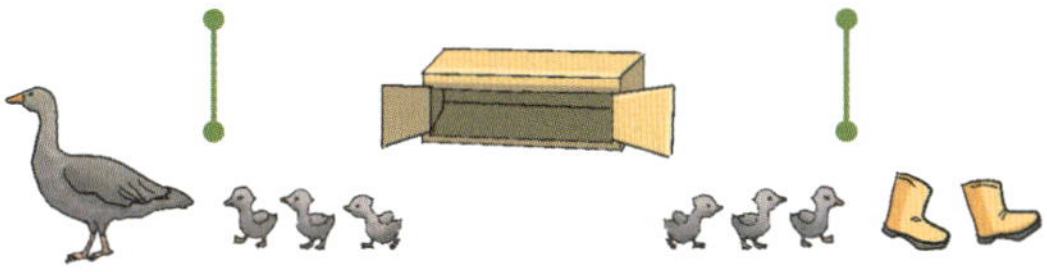

动物的印随行为

通过对灰雁的多年观察研究，洛伦兹提出了动物“印随行为”的理论。

印随行为主要出现在“早成鸟”中。“早成鸟”是指那些孵化出来就长有羽毛且会行走的鸟类，如鸡、鸭、鹅、雁等。

这些鸟类会在出生后对最先看见的对象产生尾随行为，这种行为被称为印随。

除了鸟类，豚鼠、羊、水牛、鹿、某些昆虫及鱼类也会产生印随行为。

7 黄鹂为什么吃雏鸟的便便

你是不是看错了，明明是大鸟自己在吃东西！
它在吃什么？
该我了！该我了！
形状像水滴、软软的一团。
哎呀，好恶心！那东西好像是小鸟拉出来的！
噗！你是说大鸟在吃小鸟的便便吗？
哈哈哈
……虽然难以置信，却是真的……

：“胡萝卜”代表妙妙。

博士的实验室
博士，黄鹂妈妈居然把黄鹂宝宝的便便拽出来吃掉了！
这种事一点儿也不奇怪，许多鸟儿都有这种行为。
这……
而且小鸟的便便和我想象的不太一样。
它叫作“粪囊”。
粪囊？与粪便有什么区别啊？
粪囊外面包裹着一层蛋白质膜，里面是雏鸟未完全消化的食物。

大多数鸟窝都是干干净净的，那你知道不能出巢的小鸟的便便去哪里了吗？

其实，小鸟的便便小部分被鸟妈妈叼走扔掉了，大部分则被鸟妈妈吃掉。乌鸦、绣眼鸟、蓝山雀、黄鹂等都是会吃雏鸟粪便的鸟。

为什么鸟妈妈会吃掉雏鸟的粪便

许多晚成鸟（指出壳时体表没有或只有很少绒羽，眼不能张开，需要亲鸟喂养的鸟）在育雏期间都会吃掉雏鸟的粪囊，这是为什么呢？

（1）小鸟的消化功能不好，排出的便便中含有没有被完全消化的食物，可以被鸟妈妈再次食用。

（2）鸟妈妈吃掉粪囊也是为了巢穴的干净卫生，这样可以更好地呵护鸟宝宝的健康。

（3）雏鸟长大一些后，鸟妈妈会及时把粪囊清理出巢外，防止天敌根据气味找到雏鸟。

8 鸳鸯的羽毛为什么不沾水

我要凑近
瞧瞧。
哎！别走呀！
哇！一点儿水
珠都沾不到羽
毛上面！
好像穿了一
件雨衣！
注意安全，
不要下水！
哎呀！

救命啊！
酷多啦！
快用超能力！
酷多啦能量！
太惊险了！
你怎么总是忘记使用超能力？！
阿嚏！
哈哈，你现在看起来像只落汤鸡。你要是有鸳鸯那样的羽毛就好了。
这只是个意外。
鸳鸯的羽毛为什么不沾水呢？

尾脂腺发达的鸟类

大多数的水禽都具有发达的尾脂腺。尾脂腺着生在鸟类尾基部背面，能分泌油脂。鸟类用喙将油脂涂抹在羽毛上，可以起到润羽、防水和吸引异性的作用。

鸳鸯是一种尾脂腺很发达的游禽，它们的羽毛基本不沾水。此外，天鹅、灰鹤、鹗也是尾脂腺发达的鸟类。

白鹭

白鹭全身羽毛雪白，春、夏季多活动于湖沼岸边或水田中，主食小鱼等水生动物。

鹗（鱼鹰）

鹗俗称鱼鹰，体长50~60 厘米，上体暗褐色，下体白色。趾具锐爪，适于捕鱼。

天鹅的颈很长，羽毛纯白色，群栖于湖泊、沼泽地带。主食水生植物，兼食贝类、鱼虾。

天鹅

鹈鹕体长可达 2 米，羽毛多为白色，下颌底部有一个大大的喉囊，可用来兜食鱼类。

鹈鹕

琵鹭

琵鹭体形似鹭似鹳。喙长而扁，用以索食水和泥中的小鱼和蠕虫等。

灰鹤

灰鹤体长在1.2 米左右，体羽主要为灰色，颈下黑色。成年鸟枕部光秃，为红色。

特殊的防水绒羽——粉䎃

还有一些鸟类长有一种特殊的绒羽，叫作粉䎃（rǎn）。粉䎃不停地生长，前端不断地破碎为粉状。这种粉状物不但有防水的作用，还可以清除附在羽毛上的污物，使羽毛光亮清洁。猛禽、鹭类和鹦鹉等鸟的粉䎃发达。鸽子也有粉䎃，下水后水中会漂浮着粉末。

9 孔雀为什么会开屏

⚡：“闪电”代表酷多啦。

快开屏！快开屏！
到底什么是开屏？他们为什么向孔雀挥动彩色的纱巾？
开屏就是孔雀尾巴上的羽毛全部张开竖起，像一扇美丽的屏风。
据说孔雀很骄傲好胜，看到鲜艳的颜色就会开屏与之比美。
哈哈哈，孔雀可真逗。让我也来试试！
孔雀虽然拥有漂亮的羽毛，却不善飞行。孔雀开屏时，会抖动羽毛发出“沙沙”声，长长的尾羽上有很多“眼状斑”，展开时像一把大扇子，非常绚丽。
酷多啦能量！
啊啊啊！

真漂亮！原来这就是开屏。
开屏了！开屏了！
哈哈，还是我比较厉害，一出手就让它开屏了！
管理员来了！
请大家安静，文明参观，以免动物受到惊吓！
我只是在跟它比美而已……
其实，孔雀开屏一是为了求偶，二是为了自我保护。
比如它看见颜色鲜艳的物体会产生竞争欲，开屏来展示自己。

孔雀开屏的秘密

孔雀因羽毛华丽、举止优雅而被誉为“百鸟之王”。孔雀体长 2 米左右，尾屏宽约 1.5 米，是鸡形目中体形最大的。

孔雀头顶翠绿，羽冠呈尖形；真正的尾羽很短，呈黑褐色；尾上覆羽特别长，形成尾屏，十分漂亮。事实上，拥有美丽长尾的只有雄孔雀，雌孔雀的羽色暗褐且有杂斑。

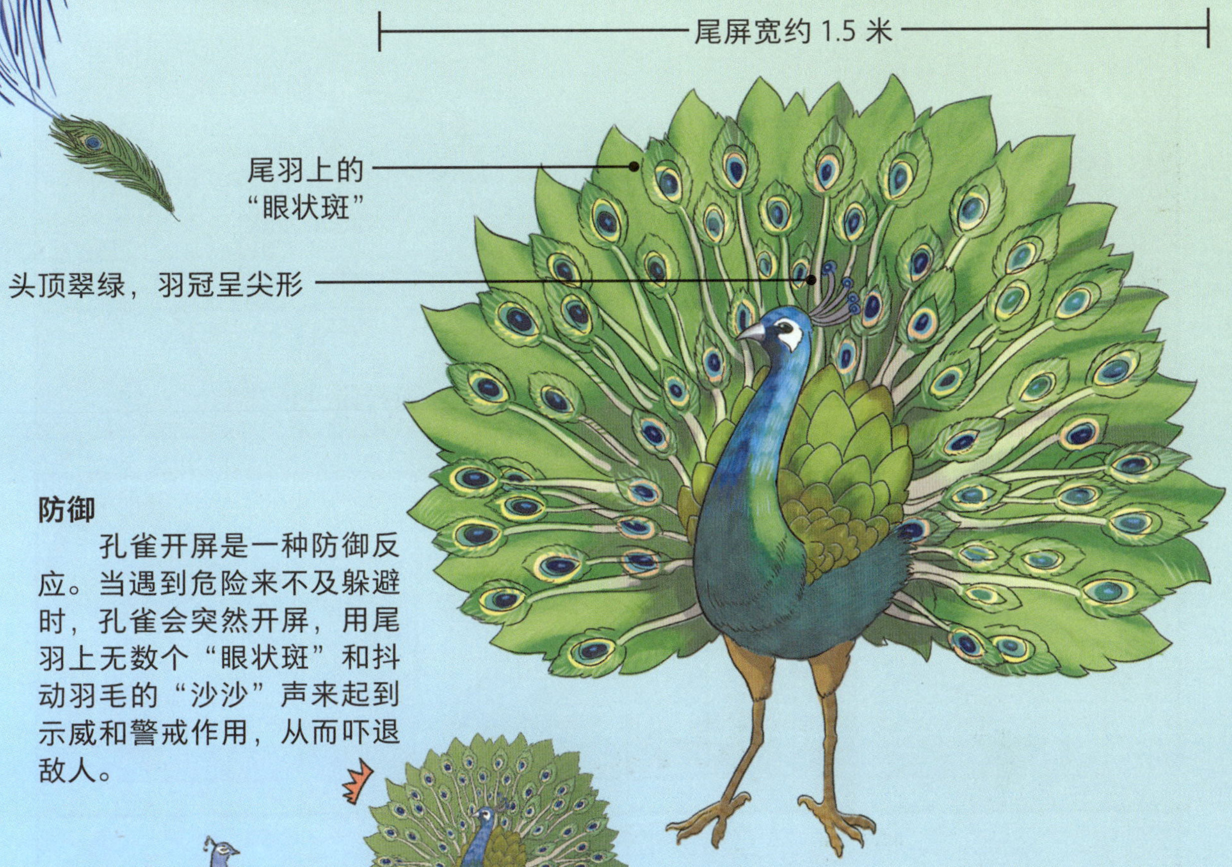

防御

孔雀开屏是一种防御反应。当遇到危险来不及躲避时，孔雀会突然开屏，用尾羽上无数个“眼状斑”和抖动羽毛的“沙沙”声来起到示威和警戒作用，从而吓退敌人。

求偶

每到繁殖季节，雄孔雀会向心仪的雌孔雀开屏并展示各种舞姿来吸引对方。有时甚至会出现几只雄孔雀围着一只雌孔雀竞相舞蹈、开屏的场面。

10 信鸽真的能把信送到吗

哈哈，正好给我当宠物吧！
不行，它脚上有脚环，是有主人的。
它大概是迷路了吧！
那怎么办？
我们先让它休息一下，希望它休息好了就能飞回家。
怎么才能知道它是不是到家了呢？
我有个主意！
你在写什么？

信鸽的主人：
您好！
如果鸽子平安
到家了，请通知我。
电话：xxxxxxxx
奇奇
x年x月x日
主人看到信，肯定会给我们打电话！
我们不知道信鸽的主人是谁，怎么寄呢？
我们来学学古人的“飞鸽传书”。
第二天
到家了，信鸽到家了，它的主人打电话来感谢我们呢！
太好了！信鸽真的把信带到了。
信鸽为什么不飞回来给我们送信呢？

：“眼镜”代表奇奇。

飞鸽传书的原理

“飞鸽传书”利用的是动物的“归巢性”。

归巢性是指动物远离它们的住地或窝巢时，仍然能准确归返这些地方的能力。

蜜蜂、蚂蚁、鲑鱼、鳟鱼、燕子、鸽子等动物都具备这种“认路回家”的本领。

因此，信鸽并不能将书信送到任意地址，而只能把书信送回“家”。

鸽子是一种善于飞行的鸟，小巧玲珑。
鸽子的毛色非常丰富，有瓦灰、青、白、黑、绿、红、花等颜色。

信鸽送信的方式大致有以下三种

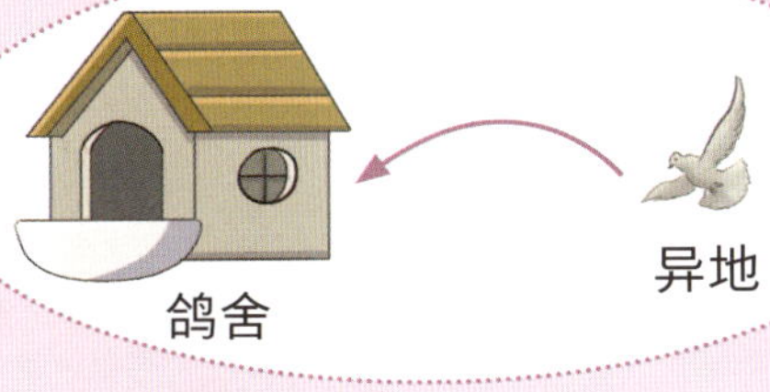

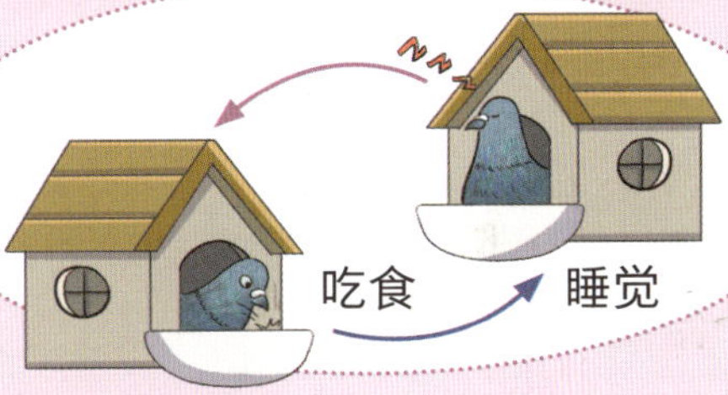

1. 送信回家

带着信鸽离开鸽舍到达异地，在信鸽腿上绑上信件并将它放飞，它就会把书信送回鸽舍。

2. 两地往返

为信鸽设置两个鸽舍，一个只能吃食，一个只能睡觉，信鸽习惯于这种生活后，就可以往返于两地送信了。

3. 移动送信

执行这种任务的通常是军鸽，鸽舍建在移动的军车上，在一定范围内异地放飞军鸽，它们就可以将情报带回鸽舍。

11 大雁为什么排成人字形飞行

太辛苦了！为什么大雁们都乖乖地排着队飞呢？
是啊，好像有成百上千只大雁一起飞，乌压压一大片。
因为雁阵能帮助大雁完成迁徙。
大雁如果掉队，是很难独自飞完全程的，等待它们的大多是死亡。
掉队的就是大家常说的“孤雁”吗？太可怜了！
我体力不好，跑步的时候总是跟不上队伍。体力不好的大雁怎么办呢？
大雁排队飞行其实是节省体力最好的办法。有了雁阵，即使体弱和幼小的大雁也能完成长途迁徙。

大雁排队飞行的原理

大雁在飞行过程中，翼梢会产生两团涡流。涡流在翅膀的外侧形成上升气流。

跟在后面的大雁会借助前排大雁外侧的上升气流更加省力地滑翔。因此群雁便在头雁两侧排成了人字形的“雁阵”。

雁群总是由有经验的老雁作为“队长”飞在队伍的前面，幼雁和体弱的大雁大多飞在队伍的中间。头雁无法享受到上升气流，在雁群中体力消耗最大。因此雁群会轮流更换头雁，以确保所有的成员都能飞到目的地。

雁群大多在黄昏或夜晚进行迁徙，迁徙的途中还要经常选择湖泊等较大的水域进行休息。

在水边寻觅鱼、虾和水草等食物时，一般由一只有经验的老雁担任哨兵。

没想到排队还有这种好处。
是啊，这样还不容易掉队呢。
是的，体弱和幼小的大雁往往飞在队伍中间，可以节省更多的体力。
× 25
3 2 1
5 4 3 2 1
空气动力学家发现，一个由 25 只大雁组成的人字形编队可以比单个大雁多飞 71% 的路程！
排个队而已，真的有这么厉害吗？
受大雁的启发，人们研究出运输机编队飞行的方式，大大降低了油耗。
× 25
没想到大雁的飞行中隐藏着这么多的学问，大雁真是太厉害了！

12 乌鸦喝水的故事是真的吗

那么这个故事是真的吗？乌鸦真有这么聪明？
不知道，很多人说乌鸦是不吉祥的鸟呢！
其实乌鸦是很聪明的鸟！
你怎么知道？
乌鸦
刚好我也在读关于乌鸦的书。科学家已经通过实验证明了这一点。
书上怎么说的？

乌鸦的智慧行为

乌鸦是一种智商很高的动物，它们的脑容量占身体的比例为鸟类中最大的，这是高智商的先天优势。

乌鸦的确会用填塞小石子的方法，使得容器的水位升高，进而喝到水。

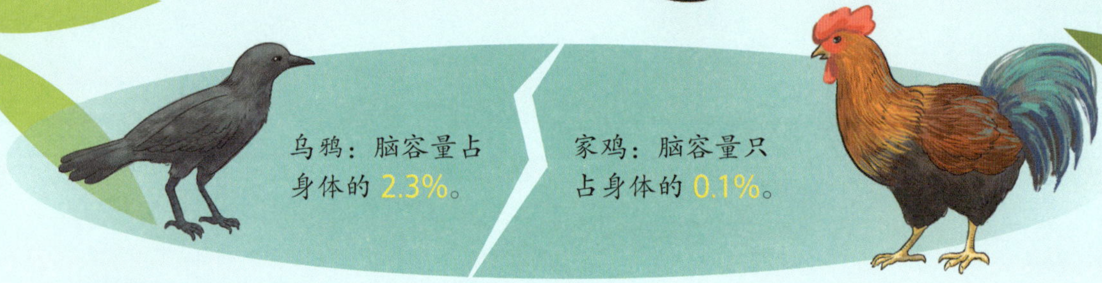

除了往水里扔石头，乌鸦甚至会开水龙头喝水，还能调大水量洗澡。

乌鸦会使用工具，能借助小木棍掏出树洞中的虫子。

乌鸦还善于后天学习，因为它们是群体性动物，会互相交流生存经验，亲鸟还会将智慧传给下一代。

乌鸦还会故意把坚果放在马路上，让过往的车辆压碎果壳，以便吃到果仁。

真是不可思议！
哈哈，真有趣！
乌鸦
乌鸦的智商相当于5~7岁儿童的智商呢！
难怪它们这么聪明！
我去捉一只！
等等！千万不要得罪乌鸦！
为什么？
乌鸦的记忆力特别强，它们能记住人的相貌，你得罪了它们，它们会叫同伴一起“追杀”你，可能会持续好几年呢！
啊？好吓人！

13 麻雀为什么在沙坑里打滚

嗯……弄得满身都是沙子,多脏啊!
这样不但不脏，反而会让它们变得更干净。
真……的吗?
其实，麻雀既喜欢在水坑里洗澡，也喜欢在沙子里“洗澡”。
在沙子里怎么“洗澡”?
用沙子摩擦身体可以清除体表的寄生虫，使皮肤更健康、羽毛更光亮!
鸟类都是这样“洗澡”的吗?

：“白胡子”代表博士。

鸟类的“洗澡”方法

为了使身体保持清洁和健康，鸟类有多种独特的“洗澡”方法。

水浴

鸟站在浅水中，把头突然扎进水里，然后抬起头抖动全身羽毛，反复几次，洗得十分欢快。

绿头鸭、雀鹰等。

雨浴

一些鸟喜欢在下雨天淋雨，它们会轮流张开两只翅膀让雨淋透，然后用力抖掉身上的水珠，再仔细地整理羽毛。

斑鸠、鸽子等。

日光浴

一些鸟喜欢张开两翅、蓬松着羽毛趴在地上或站在树枝上，让阳光的高温和紫外线的辐射杀死羽毛上的寄生虫。

蜂虎、鹰、隼、鹫等。

沙浴

一些鸟喜欢卧在松软的沙坑中，竖起羽毛，将沙子撒满全身，然后抖动羽毛让沙子滑落，反复多次，以此清理掉身体上的寄生虫。

血雉、麻雀、鹌鹑、百灵、云雀、鸵鸟等。

蚁浴

一些鸟故意让蚂蚁爬进自己的羽毛中，利用蚂蚁分泌的蚁酸作为杀虫剂，来清理身上的寄生虫。

椋鸟、喜鹊、乌鸦等。

这让我想起了温泉里的亲亲鱼！
我们可以用醋、柠檬、啤酒等代替蚁酸，为家里的宠物鸟清洁羽毛。
哈哈，原来蚂蚁也能用来“洗澡”！
斑鸠
鸽子
许多鸟的洗澡方式并不是单一的，比如斑鸠和鸽子，它们喜欢水浴，但更喜欢雨浴。
很多鸟还会在水浴或沙浴后再来个日光浴，比如雀鹰。
有的鸟甚至还会“淋浴”！比如纹背捕蛛鸟，它们会站在飞溅的山泉下洗澡。
纹背捕蛛鸟
鸡
有些鸟类则只洗沙浴，绝不下水，比如鸡。

14 为什么猫头鹰能在夜间看清猎物

哪有长着翅膀的猫，是猫头鹰吧。
竟然有长着猫头的鹰？
猫头鹰的头确实和酷多啦很像呢！
看哪！它捉到了老鼠！
是吗？
在哪儿？
你们两个瞪那么大眼睛都看不到吗？
这可是夜晚，谁能看到。
为什么猫头鹰能在黑暗中捕捉到猎物呢？

昼伏夜出的猫头鹰

猫头鹰是典型的夜行动物，它们的眼睛非常大，视网膜中有丰富的视杆细胞，能捕捉到很多光线，可以在晚上看得很清楚。所以猫头鹰习惯白天睡觉，晚上活动。

猫头鹰的两只眼睛都位于脸的正前方，因此视区重叠范围大，可以更好地分辨距离。

白天太阳光线刺眼，猫头鹰的瞳孔会变小，减少对光线的接收。

夜间，猫头鹰的瞳孔会变得很大，以便眼睛能接收更多的光线。

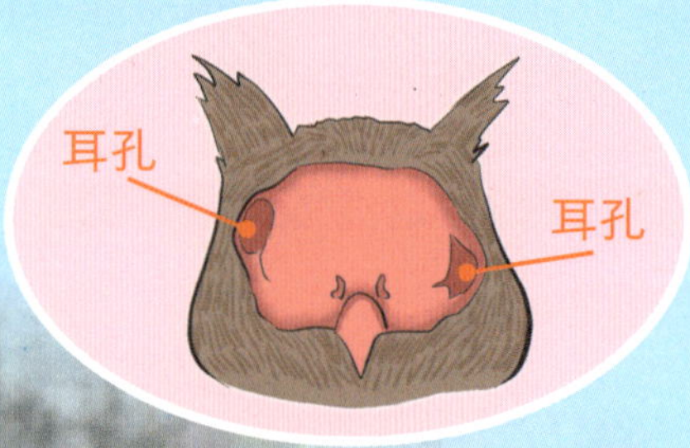

猫头鹰的耳孔一高一低，这使得它们的听觉更加灵敏，能分辨不同方位的声音来源。

猫头鹰的“眼球”是圆柱形的，不能任意转动。但它们的头部能 270° 旋转，扩大视野范围。

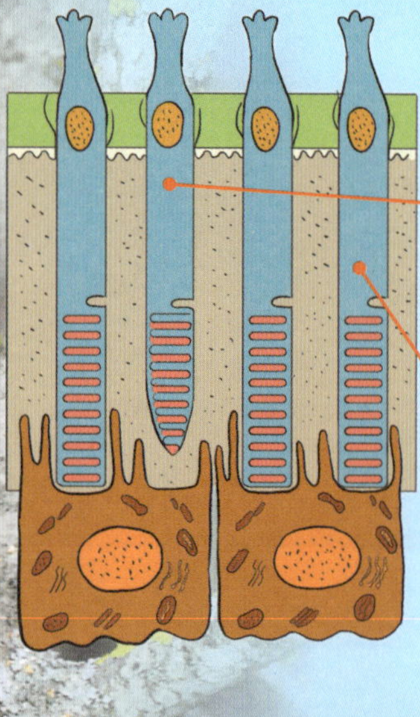

负责白天彩色视觉的被称为视锥细胞，负责夜间非彩色视觉的被称为视杆细胞。猫头鹰的眼睛几乎没有视锥细胞，如同“色盲”，只能分辨有限的颜色或单色。

人类的视力如果能像猫头鹰一样就好了！
可它们分辨不出颜色！
猫头鹰虽然夜视能力很强，但白天视力就不行了！行动起来摇摇晃晃！
哈哈哈！像没睡醒一样。
比起猫头鹰在白天的表现，我在夜晚还不错呢！
酷多啦，还不向我道歉？你刚才说我眼神不好！
为什么要道歉？
……

15 鹦鹉为什么会学人说话

我是奇奇！
你们怎么过来啦？
您不在家？！
那是谁在里面不停地问“谁呀”“谁呀”？
哈哈哈！是它！

谁呀？
鹦鹉？！
我是奇奇！
我是奇奇！
哈哈哈！这就是“鹦鹉学舌”！
太好玩了！
哈哈哈！
鹦鹉怎么什么话都学？
鹦鹉是怎么学人说话的呢？
鹦鹉为什么要学人说话？

鸟类的效鸣现象

一些鸟类除了有自己的鸣声，还喜欢模仿其他鸟的鸣啭，科学家把这种现象叫作效鸣。鹦鹉模仿人说话，本质上也是一种效鸣行为。此外，鹩哥、八哥等鸟类也会学人说话。

鹦鹉的发声器

鹦鹉之所以能学人说话，得益于它们独特的发声器结构。鹦鹉的发声器叫鸣管，位于气管与支气管的交界处。鸣管上有四五对发达的鸣肌，鸣肌收缩或松弛，回旋振动发出鸣声。

鹦鹉的鸣管到舌端的总长约为 15 厘米，鸣管与体轴的夹角近似直角，形成了有折节的腔，与人体的发声器官接近。鹦鹉的舌根发达，舌端灵活，能准确清晰地模仿人、动物等的声音。

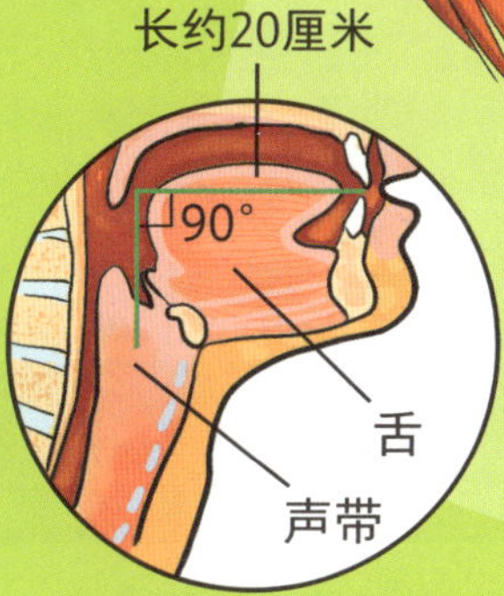

人体的发声器官

16 啄木鸟啄树木时头会痛吗

奇奇！你真是够了！
咚！
咚！
咚！
你喊我？
你干吗不停地敲门捉弄我？
什么？我没有啊！
咚！
咚！
咚！
你看，真的不是我。
咚！咚！咚！

原来是啄木鸟。
啄木鸟是益鸟，专吃树洞里的害虫。
可它干吗要敲树干？
敲得我都快受不了了！它的头不疼吗？
嗯，这倒是个好问题。
还在敲个不停，像凿子一样。
如果我们像啄木鸟一样，估计早就脑震荡了。
啄木鸟为什么没事呢？
不要问问题了！我只想睡觉啊！

啄木鸟头部的防震装置

啄木鸟因擅长啄食树皮下的害虫而被称为“森林卫士”，它们平均每天啄木 500~600 次。

啄木鸟啄木时，其头部所受的反作用力约等于其所受重力的 1 000 倍，相当于人类以 25 千米的时速用头撞墙。

大脑被其周围的脑脊液包围着，可以在受到冲击时得到缓冲和保护。

头骨结构疏松且充满空气，是轻巧而坚固的“安全帽”。

啄木鸟头部两侧生有发达的肌肉，可以起到防震、消震的作用。

“啄木运动”的喙啄击的方向与树干保持垂直，以避免在和树木撞击的一刹那出现晃动。

超长的舌头绕头骨一周，可以起到减震缓冲的作用。

啄木鸟的头为什么能承受如此频繁而猛烈的冲击呢？

啄木鸟头部的结构给防震工程学提供了有益的参考。

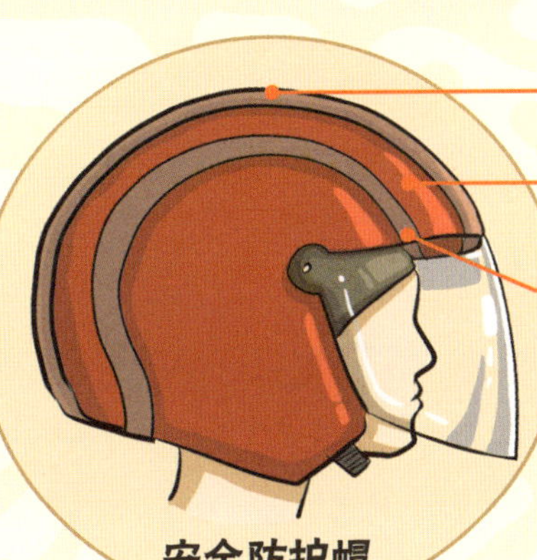

安全防护帽

17 戴胜鸟的巢为什么那么臭

哇！这个树洞是它的家吗？让我来瞧一瞧！
啊！好臭！
啊！
酷多啦，你还好吗？
好……痛！
你的超能力怎么没有派上用场呢？

在这种突发情况下，谁还想得起超能力？
到底是什么突发情况？
唉！真想不到，那么漂亮的鸟，却有那么臭的窝！
原来你去掏鸟窝了！
我不是！我没有！
那只鸟长什么样子？
花翅膀，头上像戴了把扇子。
应该是戴胜鸟，也叫“花蒲扇”，还有人叫它“臭姑姑”。

头顶“凤冠”的戴胜鸟

戴胜鸟体长约30厘米，通常在树洞或墙窟窿处筑巢，喜欢吃昆虫。戴胜鸟头上生有棕色的羽冠，像古代女子头上戴的花形饰物“华胜”，因此得名“戴胜”。

戴胜鸟的“臭味系统”

戴胜鸟体态美丽，鸟巢却很臭，它们的叫声为“咕咕”，因此别称“臭姑姑”。戴胜鸟的攻击性极弱，飞行速度也不快，出于防御的本能，它们才进化出一套“臭味系统”，以躲避天敌的伤害。

特别是在繁殖季节，戴胜鸟的巢中充满粪便，会发出刺鼻的气味。

繁殖期间，雌鸟的尾脂腺会分泌一种带有恶臭的黑色油状液体，雌鸟会将此液体涂抹在鸟蛋上。这样做一方面是为了使天敌难以接近，另一方面是这种液体中所含的粪肠球菌可以避免鸟蛋被其他细菌感染。

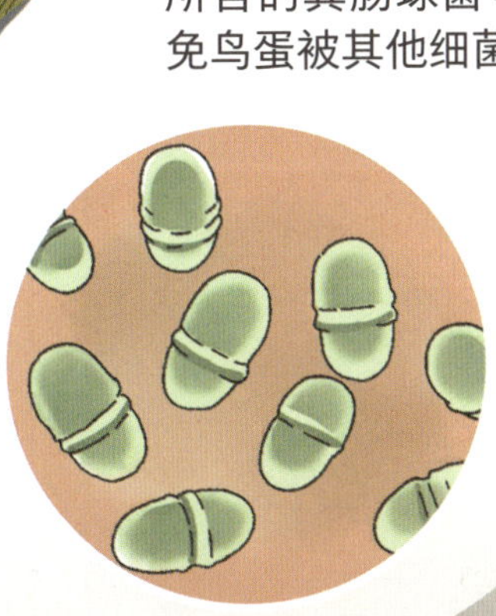

粪肠球菌预防其他细菌感染鸟蛋。

18 杜鹃为什么不自己孵蛋

布谷鸟也就是大杜鹃，古诗中常常提到的“子规”“杜宇”都是指这种鸟。
杨花落尽子规啼。——李白
还有一种叫声更好听的杜鹃——四声杜鹃。小时候总是听它们唱“阿公阿婆，割麦插禾”。
我们小时候听它们唱的是“割麦割谷”。
我也经常听到，但还不知道这鸟长什么样子。
我也很想知道，我们去看杜鹃吧！
我也去！我也去！
好吧。那赶紧收拾一下，一起出发吧！

真有趣！小麻雀为什么在喂那只大胖鸟？
嘘——大胖鸟就是杜鹃。
杜鹃妈妈从不自己孵蛋，它们把蛋产在其他鸟的窝里，让别的鸟代替它们喂养小鸟。
为什么？这也太坏了吧！
不公平！别的鸟就心甘情愿地替它们喂吗？
杜甫有一首诗，就叫《杜鹃》。
生子百鸟巢，百鸟不敢嗔。仍为喂其子，礼若奉至尊。——杜甫
不要为难我了，我完全听不懂。你们快帮我解释一下吧！

鸟类的巢寄生行为

鸟类把卵产在其他鸟的巢中，由“义亲”代为养育雏鸟的行为叫作“巢寄生”。

全世界有80多种鸟有典型的巢寄生行为，数量占鸟类总数的1%。

大杜鹃是人们熟知的巢寄生鸟，它们能把卵寄生在约125种其他鸟的巢中。

但也有具备“侦察能力”的寄主鸟。如苇莺，它们会通过区分不同鸟蛋之间的颜色、斑点、亮度等来识别寄生鸟蛋。

与“巢寄生”行为有关的成语

鸠占鹊巢

大杜鹃将卵产在麻雀、灰喜鹊、伯劳等鸟的巢中，还会把寄主的卵推出鸟巢，以免被发现。

反客为主

大杜鹃的雏鸟总是比寄主的雏鸟提前孵化出壳，出壳后它们会把寄主的卵挤出巢外。

坐享其成

尽管杜鹃幼鸟体形肥硕，完全不像“妈妈”，但“义父”“义母”还是把它们当亲生孩子一样喂养。

19 朱鹮为什么被称为鸟中"东方宝石"

8分
Nipponia nippon
1984
朱鹮
中国人民邮政
8分
80分
这几张邮票也是有故事的，上面的鸟叫朱鹮（huán）。
这套邮票发行于1984年，共3张，展现了朱鹮“飞翔”“涉水”“栖息”的形象。
这一张呢？
中国邮政 CHINA
30分
朱鹮
（10-1）T
2000-3
这是2000年发行的《国家重点保护野生动物（I级）》小型张，其中的第一枚就是朱鹮。
还有这张！
这是一枚日本邮票。日本人也很喜欢朱鹮，把它们视为“圣鸟”。
朱鹮到底是什么样的鸟呢？

“东方宝石”——朱鹮

朱鹮，又称朱鹭、红鹤，是象征幸福吉祥的美丽珍禽，国家一级保护动物，稀有鸟类之一，因为非常珍贵而被誉为“东方宝石”。

朱鹮常在水田、沼泽和山区溪流附近活动，以蟹、蛙、小鱼及软体动物、甲虫等为食。朱鹮曾广泛分布于亚洲东北部地区，20 世纪中叶以来，由于猎杀、生态破坏等原因而濒临灭绝。

1981 年 5 月，鸟类学家在陕西洋县境内发现了世界上仅存的 7 只野生朱鹮。这 7 只朱鹮分为两巢，包括两对成鸟和三只幼鸟。经过四十多年的保护和人工繁殖，全球朱鹮的数量已经从 7 只增长到 7 000 多只。朱鹮受危等级也由极危降为濒危。

灭绝
野生灭绝
极危
濒危
易危
低危
无危
数据缺乏
未评估
物种的濒危等级是这样排序的。
极危和濒危到底有什么区别呢？
天哪！还好朱鹮被及时地保护起来，才没有灭绝！
是的，当全世界都认为野生朱鹮已经灭绝时，在中国又发现了7只，这真是太珍稀了！
怪不得朱鹮被称为鸟类中的“东方宝石”！
爸爸，现在全球的朱鹮都是哪儿来的呀？
它们几乎都是1981年被发现的那7只朱鹮的后代哦！

20 丹顶鹤是最长寿的鸟吗

当然！我还发现许多画中把仙鹤和松树画在一起。
我想起来了，博士家也挂着一幅。
那我们去找博士吧，让他给我们讲讲仙鹤的故事。
松树和仙鹤画在一起，叫作“松鹤延年”或者“松龄鹤寿”。
松树和仙鹤的寿命都很长，因此用它们来表达长寿的祝愿。这幅画就是别人送我的生日礼物。
仙鹤有多长寿呢？

丹顶鹤能活 50~60 年，它们的寿命相当于古时长寿人类的寿命。
猫和狗的寿命大约是 15 年，与它们相比，丹顶鹤真的很长寿了！
可怜的地球猫！
不，长寿的鸟还有很多，尤其是大型鸟类。
博士，丹顶鹤是最长寿的鸟吗？
什么鸟最长寿呢？
目前保持世界长寿纪录的鸟是一只亚马孙鹦鹉，它活了 104 年！
下次您过生日，我就送您一幅鹦鹉图吧！
哈哈哈！

鸟类中的长寿者

人们认为丹顶鹤是很长寿的鸟，能活 50~60 年。除了丹顶鹤，长寿的鸟类还有很多，尤其是大型鸟类，有的平均寿命甚至超过人类的寿命。

长寿鸟档案

雪雁约 25 年

雪雁是雁属中体形大、体重重的鸟类，羽毛洁白，翼角黑色。飞行时双翼拍打用力，振翅频率高。脖子较其他雁类略短。

白天鹅 20~25 年

白天鹅的脖子几乎与身体一样长。全身披白色羽毛，在水中游动时伸着脖子与身体稍呈直角，一副悠闲自得的神态。

蓝孔雀 20~25 年

蓝孔雀雄鸟有直立的羽冠，羽色华丽，尾上覆羽特别长。

短尾信天翁 40~60 年

短尾信天翁体长约 90 厘米，嘴长而锋利，体羽白色，肩羽、翅和尾端黑褐色，翅膀狭长。

非洲鸵鸟　约 60 年

非洲鸵鸟是现存最大的一种鸟类，雄鸟高可达 2.75 米，雌鸟稍小。它们嘴呈三角形，细长的脖颈上支撑着小小的头部，后肢粗壮有力，适于奔走。

圣文森亚马孙鹦鹉 约 80 年

圣文森亚马孙鹦鹉是典型的攀禽，鸟喙强劲有力，脖子较雁类略短，羽色鲜艳，振翅频率高。

21 苍鹭为什么又叫“长脖老等”

才过1小时就没有耐心了？你们知道“长脖老等”吗？
那是什么？
哈哈！我也不等鱼上钩了，带你们去看“长脖老等”更有意思！
看！那就是“长脖老等”。
真像博士钓鱼时的背影！
缩着脖子，哪里是长脖？
它怎么一动不动啊，到底在等什么？
不会是只假鸟吧！

不要急，你们会看到它的长脖子的。
好无聊啊！
快看！
干得漂亮！
哇！
为了吃条鱼等这么久，我可做不到。
博士，“长脖老等”就没个像样点儿的名字吗？感觉它从名字到气质都傻呆呆的。
哈哈！它的学名叫苍鹭，不但不傻，还是个有耐心、有智慧的捕猎高手呢！

苍鹭一动不动地在等什么

苍鹭是鹭科中体形最大的一种鸟，它们不像白鹭那样涉水捕鱼，而是喜欢“守株待兔”。

苍鹭还有机智的捕食窍门：它们先捉一些小虫放在水里，吸引鱼群游过来，再伺机捉鱼。

苍鹭能站在水里几小时一动不动地等待猎物，因而得到“长脖老等”的绰号。

苍鹭的食物

苍鹭的食物主要包括鱼、虾、青蛙、蜥蜴、幼鸟、昆虫等。

有时候苍鹭也会捕食野兔、黄鼠狼、蛇、鸭子等体形较大的猎物。

如果这些猎物拼命挣扎，一时难以制服，苍鹭会先把它们按在水里淹死，然后再享用美餐。

22 鸬鹚是怎样帮人类捕鱼的

它们与人类相处得很好，像是人类驯养的家禽。
我只知道鸡、鸭、鹅是人类驯养的家禽。
它们能为人类做什么呢？
看，那些鸟被赶下水了！
扑
扑
它们游得可真快！
它们在捉鱼！
捉到了！

那条鱼拼命想逃呢！
整条吞下！胃口好大！
它们的嘴像鹰嘴钳一样有力！
咦？脚上拴着绳子！
嘎
嘎
鱼又被吐出来了！
我知道了！这是鱼鹰！

鸟类中的“捕鱼王者”

鸬（lú）鹚（cí），俗称鱼鹰、乌鬼、水老鸦等，擅长潜水捕鱼。我国驯养鸬鹚的历史悠久，杜甫有“家家养乌鬼，顿顿食黄鱼”的诗句，记述了这种“异俗”。

人工驯养的鸬鹚长到三个月大就可以开始学习捕鱼了。渔人乘小船或竹筏载着鸬鹚出发，鸬鹚根据渔人的吆喝或竹篙的驱赶入水捕鱼。

鸬鹚能轻松地连续吞下好几条大鱼，它们的食道前端有一个喉囊，可以暂时将鱼储存在这里。

鸬鹚的潜水本领高超，听觉灵敏，即使在混浊的水中也能准确地锁定目标。

鸬鹚捉到鱼后，渔人捏住它的脖子将鱼从喉囊中挤出，随后松开绳圈奖励它一条小鱼。

渔人通常要在鸬鹚的脖子上套上绳圈，防止它们吞食大鱼。鸬鹚的脚上也系着绳子，便于渔人把它们钩回船上。

23 武将的头盔上为什么有羽毛

你们提醒我了，将军的头盔上为什么要插羽毛？到底插的是什么羽毛呢？
别……看着我啊？
好吧，我试试……
酷多啦能量！
怎么样？有答案了吗？
呃……有点复杂……让我捋一捋……呃……它是鸡毛！
哈哈哈！怎么会是鸡毛？！

是这个吗？
将军头盔上插鸡毛？
别笑，别笑！真的是鸡毛！是褐马鸡的鸡毛！
哇！竟然有这么漂亮的鸡！羽毛蓬松飘逸，像马尾巴！
它的脸红红的，头上还有两簇白色的羽毛，像两只犄角，真威风！
头盔上插鸡毛只是为了漂亮吗？
这绝对不是普通的鸡毛！
嗯，这种鸡毛好像代表着勇敢！

褐马鸡的羽毛为什么被插在武将的头盔上

褐马鸡，古称鹖（hé），是我国特有的珍稀鸟类，国家一级保护动物，目前在我国仅分布于山西、陕西、河北、北京等地。

褐马鸡高约60厘米，体长1~1.2米，重约5千克，体羽大部分呈黑褐色，头和颈是灰黑色，尾巴高高竖起。褐马鸡的翅膀较短，不善飞行，但善于奔跑；喜栖于高山深林中，筑巢于灌木丛间的地面凹陷处，巢内铺垫干草、树叶和细枝等。

褐马鸡骁勇好斗，在求偶季节，雄性之间战斗激烈，时常会双双负伤，有时甚至会斗到一方战死为止。如有外敌入侵，褐马鸡照样火力全开。无论是面对乌鸦、游隼，还是狐狸、豹猫，褐马鸡都会奋勇抗敌，宁死不屈。

正是因为褐马鸡这种勇猛坚毅的行为，《禽经》上将褐马鸡称为“毅鸟”。自汉武帝时代起，武将的头盔上就以褐马鸡尾羽作装饰，称为“鹖冠”。清代，褐马鸡与孔雀的尾羽一起，成为官员头上的花翎；只装饰褐马鸡的尾羽则叫作蓝翎。

24 鹰的视力为什么那么好

谁说的？我只不过不想动用超能力而已。
我看是它的视力太差了。
看100米以内的东西还要用超能力？哈哈！

鹰飞在2 000米的高空中，都能发现地面上的兔子。根本不用什么超能力。
2 000 米
那要多少米才能用超能力？

你确定它不是接近地面的时候才发现猎物的吗？
哪有鹰不捉猎物而在地面上闲逛的？它们当然是看到猎物后才飞下来。
鹰的视力那么好吗？

鹰的视力有多好

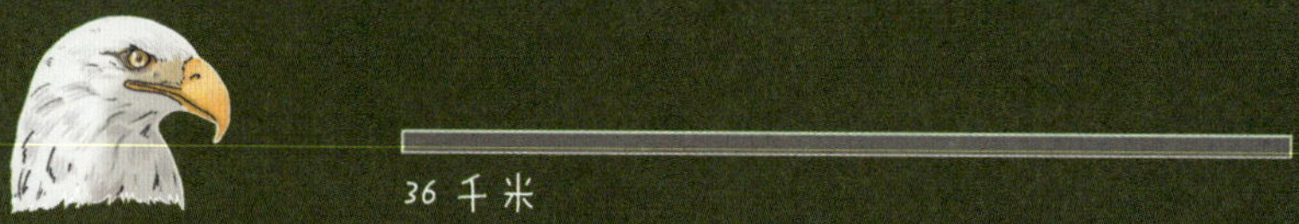

鹰是著名的“千里眼”。如果人的视力为 1.5，那么鹰的视力则相当于 5.3 左右。鹰的视力范围能达到 36 千米，是人类的 6 倍。

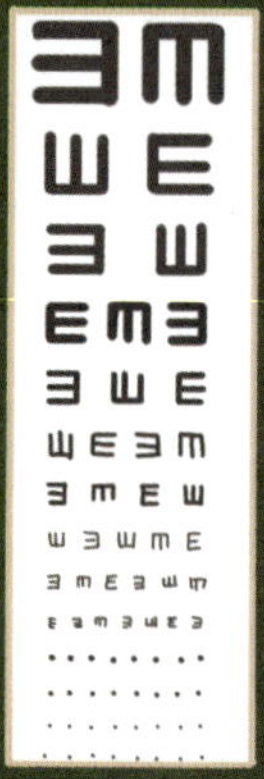

鹰眼有什么特点

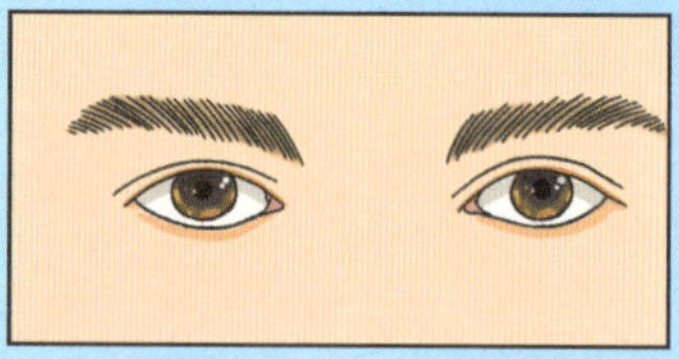

鹰眼的瞳孔很大，能使进入眼睛的光线产生的衍射达到最小，因此看东西更清晰。

鹰的眼球直径为 25 毫米左右，比成年人的眼球还大 1 毫米。鹰眼的视网膜上血管数量少，可以减少入射光散射。

鹰的视力为什么那么好

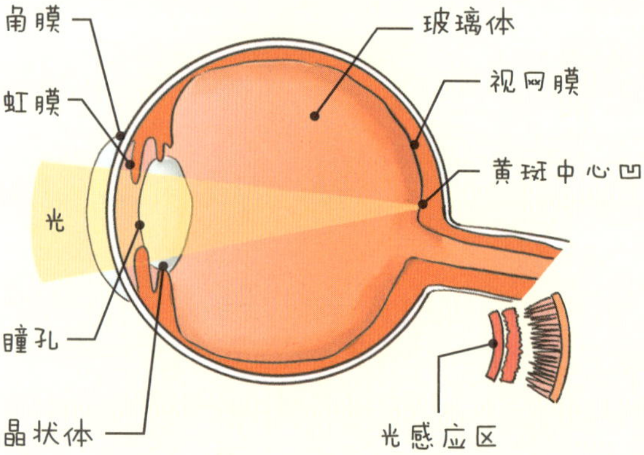

人的眼球结构

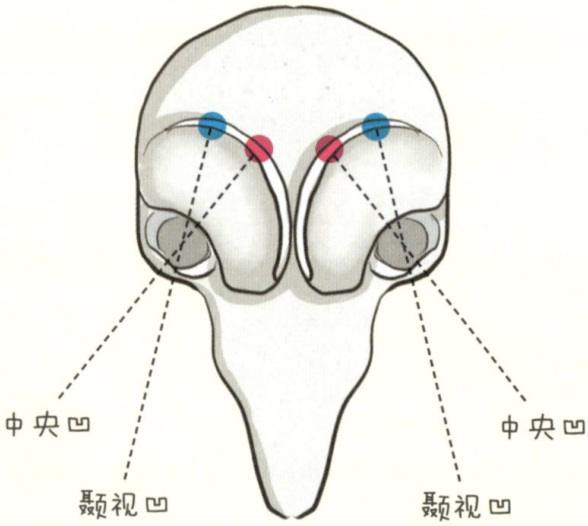

鹰的眼球结构

视凹是视网膜中视觉最敏锐的区域。人类的每个眼球只有一个视凹，即黄斑中心凹。

鹰的每个眼球有两个视凹，中央凹用于观察远景，颞视凹用于观察近景。

这么说，鹰眼是自带望远镜喽！

我用超能力检索到，很多隼形目的猛禽视力都很好。

?

酷多啦，你又偷吃炸鸡了！这对你控制体重可不好！你应该多吃点胡萝卜，不仅可以减肥，还对视力有好处。
呃……是想把我当兔子养吗？

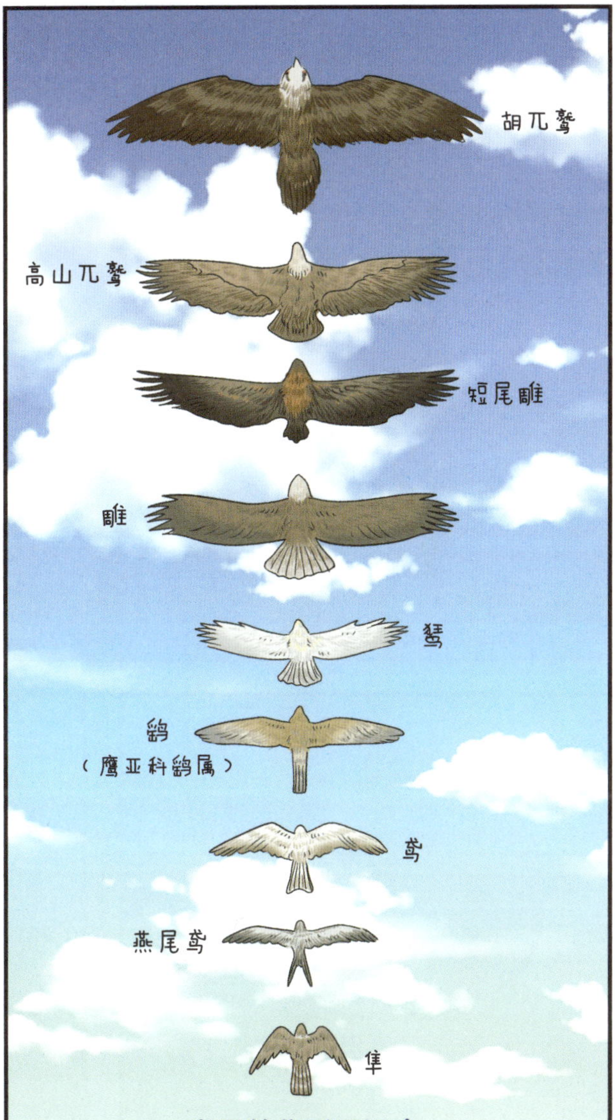
胡兀鹫
高山兀鹫
短尾雕
雕
鹫
鹞
（鹰亚科鹞属）
鸢
燕尾鸢
隼
常见的隼形目猛禽

25 蜂鸟为什么能倒着飞

蜂鸟？像蜜蜂一样的鸟吗？
差不多吧！蜂鸟是世界上最小的鸟，体重只相当于一粒新鲜豌豆，它们也爱吃花蜜。
酷多啦，快带我们去看看。
没有能量，哪儿也去不了。
用这个补充能量怎么样？
百花蜜
真好吃！
现在可以去看蜂鸟了吧？
说走就走！瞬移！

哇！真的看到可爱的蜂鸟了。
它们的翅膀扇得好快，看起来都模糊了！
还能前后左右地飞，比我的瞬移好玩多了。
蜂鸟虽然很小，但毕竟不像蜜蜂和蝴蝶那么轻盈，不能停在花瓣上，只能不停地飞，好辛苦啊！
为了补充消耗的能量，蜂鸟每天要吸食相当于自身体重重量的花蜜。
悬停！倒飞！这是它们的超能力吗？
它们有什么独特的飞行方式吗？
蜂鸟为什么能倒飞呢？

可以在空中悬停的鸟

蜂鸟因为飞行时两翅振动发出的嗡嗡声很像蜜蜂而得名。蜂鸟是世界上最小的鸟，羽毛色彩鲜艳，富有光泽。大部分蜂鸟的嘴细长且直，舌伸缩自如，翅形狭长，脚短。

蜂鸟可以在空中悬停

蜂鸟是翅膀振动最快的鸟，平均每秒可振翅 50 次以上。翅膀振动产生的气流将蜂鸟的身体稳稳地托起，因此蜂鸟善于持久地在花丛中“悬停”，有时还能倒飞。此外，蜂鸟的肩关节非常灵活，翅膀能最大限度地旋转，使它们可以向后飞行、垂直起落。

蜂鸟的翅膀能最大限度地旋转

科学家还发现，蜂鸟的飞行方式兼具昆虫和普通鸟类的特点。

普通鸟类飞翔时所需的升力全部来自翅膀下扇。

昆虫飞翔的升力一半来自翅膀下扇，另一半则来自翅膀上扇。

蜂鸟飞翔的升力有75% 来自翅膀下扇，25% 来自翅膀上扇。

26 巨嘴鸟的大嘴有什么用

真奇怪！它的大嘴很重的样子，竟然还能飞得这么轻松！
是啊！
又一只巨嘴鸟。它在吃浆果。
哈！动作真帅！
水边也有一只巨嘴鸟。
它的大嘴还是多功能的啊！
它们的食物还挺丰富的。

巨嘴鸟的大嘴挺好看的。
嗖——
哈哈，它们的大嘴不仅好看，还是警告入侵者的武器哦！
哎呀！吓我一跳！
溜得真快！它们的大嘴真的不重吗？
它们的大嘴是天生的吗？
从蛋壳里孵出来就长着大嘴？
看来，还得我查一下！

巨嘴鸟的嘴巴有多大

巨嘴鸟主要分布在南美洲热带森林中。巨嘴鸟的体长约有 60 厘米，它们的大嘴约占体长的三分之一，色彩艳丽和尺寸惊人的大嘴具有很高的观赏价值。

巨嘴鸟通常居住在树洞中，有时候只露出大嘴，让人误以为树洞里居住的是一种体形巨大的鸟。因此在印第安部落的传说中，巨嘴鸟总是扮演着“骗子”的角色。

很特别的大嘴

大嘴还可以方便巨嘴鸟取食果实和昆虫等食物。

巨嘴鸟的大嘴是中空结构，重量不足 30 克，坚硬而轻便。

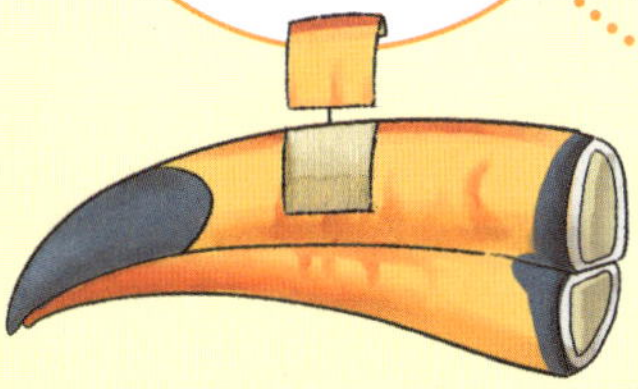

大嘴上分布着丰富的血管，有利于散热和降温。

巨嘴鸟的大嘴并不是天生的，幼鸟要长到一岁左右才能拥有这样美丽的大嘴。

27 火烈鸟的羽毛为什么是红色的

博士的实验室
火烈鸟的羽毛本来是白色的，使它变红的物质叫作虾青素，主要存在于藻类等浮游生物体内。
虾、蟹等甲壳类动物吃了这些藻类，体内也富集了虾青素；火烈鸟又吃这些藻类和虾、蟹等，虾青素就累积在它们体内。
既然是红色的，为什么要叫“虾青素”呢？
虾青素本身是红色的，在虾、蟹等生物的壳中与蛋白质结合变成蓝青色，因而得名。
红色的虾青素和蛋白质结合变成蓝青色
活的虾确实是青色，可是煮熟了就变成红色，这又是为什么呢？

蛋白质变性
虾青素被释放
红色
虾、蟹被煮熟时变成了红色，是因为蛋白质变性，虾青素被释放出来了。
如果我也多吃富含虾青素的食物，会不会变成粉红猫？
虽然我从没见过粉红猫，但不排除有这种可能性。
哈哈！有一只粉红猫当朋友也不错呀！
虾青素可以使三文鱼、蛋黄等呈现红色，说不定对酷多啦也有用。
只是说说而已！我才不要变成粉红色的猫呢！！！

色泽艳丽的火烈鸟

火烈鸟，也叫红鹳，是一种生活在亚热带地区盐水湖中的大型水鸟。它们以藻类、甲壳类动物、鱼类等为食，这些食物中富含虾青素，正是这种物质使火烈鸟的羽毛呈现出美丽的粉红色。

橙红色火烈鸟

食物中的虾青素不足时，火烈鸟的羽毛则为白色。

虾青素积累得越多，火烈鸟羽毛的颜色就越鲜艳，呈现出肉粉色、橙红色，甚至艳丽的火红色。

羽毛颜色越红，代表火烈鸟的身体越健康，雄鸟也就越容易获得雌鸟的青睐。

肉粉色火烈鸟

白色火烈鸟

火烈鸟的羽毛颜色随食物不同而变化的特点，使它们的样貌富于变化、独具魅力。因此，火烈鸟也象征着幻想与多变。

28 为什么军舰鸟被称为“强盗鸟”

为什么呢？
它们也被称为“强盗鸟”。
你们看！
军舰鸟突袭抓到食物的目标
是的，它们一向如此。
它抢了别人的鱼！
被突袭的目标放弃食物飞走
军舰鸟将食物据为己有
它们自己不捕鱼吗？为什么要抢别人的？

军舰鸟为什么要“打劫”

军舰鸟是一种大型海鸟，主要分布于热带和亚热带海滨和岛屿。白腹军舰鸟是我国的一级重点保护动物。军舰鸟习惯白天在海面飞翔，夜晚在岸边、林带休息。

军舰鸟的翅膀展开可达 2 米以上，是世界上飞得最快的鸟类之一，冲刺时速可达 418 千米。

小军舰鸟的体羽主要为黑色而带蓝绿色光泽，雌鸟的颈基部有棕色环带。

军舰鸟的羽毛不防水，只能捕捉浮在水面上的鱼类和软体动物等，有时也会捕捉跃出水面的飞鱼。因此，军舰鸟主要通过飞行能力和飞行速度优势来“抢劫”食物，有时甚至从渔民手里抢鱼。

军舰鸟的这种行为也算取长补短吧。
原来它们是迫不得已。
可不管怎么说，抢别人的东西是不对的！
还有我的！
因为我的便当掉到水里了，而我又不善潜水……
酷多啦！你为什么吃了我的便当？
站住！
你这只“军舰猫”！
我也是肚子饿了，迫不得已！

29 织布鸟怎样筑巢

那是什么地方？像个大鸟窝！
是“鸟巢”啦。
好大的鸟巢，什么鸟住在里面？
哈哈！这是国家体育场。
怪不得！鸟类大概建不出这么完美的鸟巢吧！
不一定！
织布鸟最会编织鸟巢了！

你们不是说，今天带我去国家体育场吗？
酷多啦，带我们去看织布鸟吧！
哎呀！去过好多次了。
可是我还没去过！
织布鸟一票！
织布鸟两票！
……
那我就少数服从多数吧！
瞬移！

酷多啦，这下到了真正的鸟巢了。
就是小了点儿！
哈哈哈！
树上像结满了“鸭梨”。
哇！满树的鸟巢。
这些精致的巢到底是怎么织出来的呢?
它们的嘴可真灵巧。

织布鸟筑巢全过程

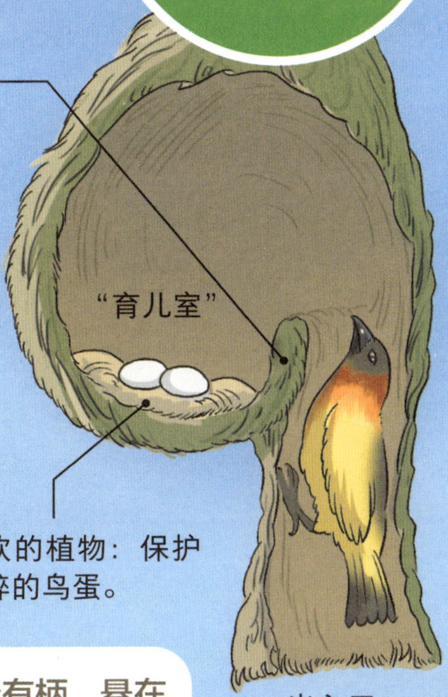

织布鸟成群栖息在山麓或低丘地带，食谷粒和昆虫。织布鸟擅长织巢，是鸟类中的“建筑大师”。

织布鸟的巢上端有柄，悬在树枝或棕榈叶上。织布鸟的巢需要雌鸟和雄鸟协力“织就”。

首先，雄鸟要采集细长的草叶纤维。它们咬住草叶的基部，然后一边向空中飞，一边将草叶撕成长长的细丝。

其次，雄鸟将叶片细丝缠绕在枝条上编织巢柄，然后向下编织巢颈，之后再逐渐将巢扩大成圆环形。

巢编织到一半时，像一个倒挂的杯子，下方的开口处有一个横梁，雄鸟可以在这样的巢中居住。但对它们来说，这时更重要的事是振翅歌唱吸引雌鸟。

当雌鸟选中自己的巢穴后，雄鸟则继续“工作”，完成剩下的“育儿室”和出入口的建造。一般来说，如果雄鸟的巢建造完成不足一半，雌鸟是不会来的。

当雌鸟开始孵卵时，雄鸟就离开雌鸟，去建新巢。

30 “火鹰”为什么要纵火

人类会用火，所以能吃到许多动物吃不到的美味。
但野外用火一定要注意安全，避免引起火灾。
烤肉可真好吃！
不好！肉吃多了，我的能量要爆发了！
喂……你……
消失
酷多啦，你去哪儿了？
大概瞬移去了别的地方吧。

1小时后
怎么还不回来？
再等一会儿吧。
我回来了！
你这不靠谱的外星猫，怎么动不动就玩消失。
你到底去了哪里？
我的“猫载雷达”显示，应该是去了澳大利亚。
别吹牛！怎么证明？
澳大利亚发生了森林火灾。
这谁都知道，电视新闻都播了。

可有一些火灾的纵火者是鸟!
鸟怎么会纵火?
我亲眼看到，当雷电引起野火时，鸟衔着燃烧的树枝，把它扔到还没起火的地方，引起了新的火灾。
还有的鸟会衔着居民做饭时燃烧的木柴，把它扔到草丛中放火。
它们是什么鸟?
当地人叫它们“火鹰”。
“火鹰”?
“火鹰”为什么要纵火?
“火鹰”这样做好像是为了“吃烤肉”。

“火鹰”的捕猎技巧

澳大利亚的啸栗鸢、黑鸢、褐隼等几种猛禽会通过“纵火”的方式来捕捉猎物，它们被当地人称为“火鹰”。

啸栗鸢

啸栗鸢，又称啸鸢，喜欢吃腐肉，主要以兔子、蜥蜴、鱼、海蛇、鸟类、昆虫等小型动物为食。

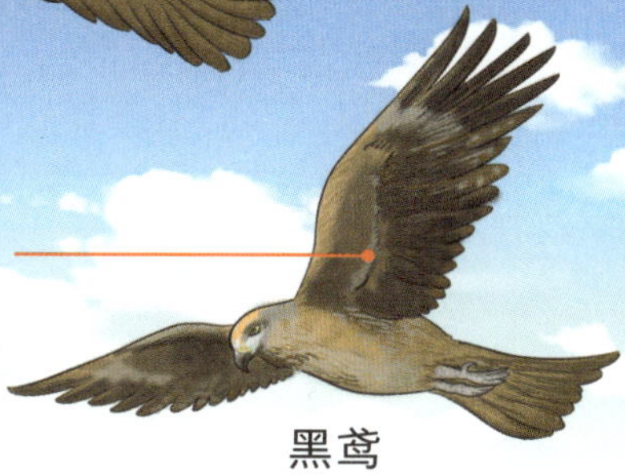

黑鸢

黑鸢，就是人们常说的老鹰、老雕，捕食小型动物，偶尔也吃家禽和腐尸。

褐隼

褐隼，也叫棕色猎鹰或布朗猎鹰，捕食小型动物，如幼鸟或受伤的鸟。

“火鹰”会从火里叼取燃烧的树枝，飞到没有起火的草原或森林，然后蓄意投下燃烧的树枝。等大火燃烧，兔子、老鼠、蛇、蜥蜴等小动物从隐藏的树丛中跑出来并四散奔逃时，这些鸟类就会伺机捕捉猎物。

一些在火灾中丧生的小动物甚至直接成了“火鹰”的“烧烤大餐”。

31 园丁鸟为什么要搭建“凉亭”

看起来像小孩子玩过家家的地方。
布置得真精致，物品也分类摆放得很整齐，一定是女孩子留下的。
不要过早下结论哦！我们再找找看还有没有什么新发现吧。
发现一个树枝搭成的……不知该叫什么的东西！
真是奇特又有趣的玩法！
我带你们看场好戏！不过主人现在不在，先藏起来等着它！
等待中

难道那个东西是它的巢吗？
飞来一只红色的鸟！
它就是主人？
不是巢，那只是个“凉亭”。
修葺凉亭
精心装饰
放声歌唱
吱吱！
新飞来的那位是观众吗？
它在做什么？要开演唱会吗？
雌鸟飞进凉亭中

雄鸟口叼着浆果，张开一对翅膀跳舞
雌鸟在凉亭中观看
哈哈！这只鸟的动作可真滑稽，嘴里还叼着果子。
它是在讨好它喜欢的雌鸟。
刚才那个“大房子”不会也是凉亭吧？
我们去看看。
一只园丁鸟在凉亭中
凉亭到底有什么用？这种鸟为什么要搭凉亭？
这么小的鸟能完成这么“浩大”的工程吗？
它就是这个凉亭的主人？

靠“凉亭”吸引雌鸟的园丁鸟

齿嘴园丁鸟的平台式凉亭

园丁鸟，又名亭鸟，分布于新几内亚岛及澳大利亚。

褐色园丁鸟的棚屋式凉亭

大亭鸟的林荫道式凉亭

凉亭是雄性园丁鸟的求偶场所。为了搭建出漂亮的凉亭，雄鸟不仅从小就要勤奋练习，而且不惜窃取其他雄鸟凉亭里的装饰物据为己有。

冠园丁鸟的高塔式凉亭

缎蓝园丁鸟的林荫道式凉亭

金色园丁鸟的双塔式凉亭

不同种类园丁鸟的凉亭各不相同，有棚屋式、塔式、双塔式、平台式、林荫道式等样式。其中，林荫道式凉亭被许多种类的园丁鸟采用。

辉亭鸟的林荫道式凉亭

装饰凉亭的物品

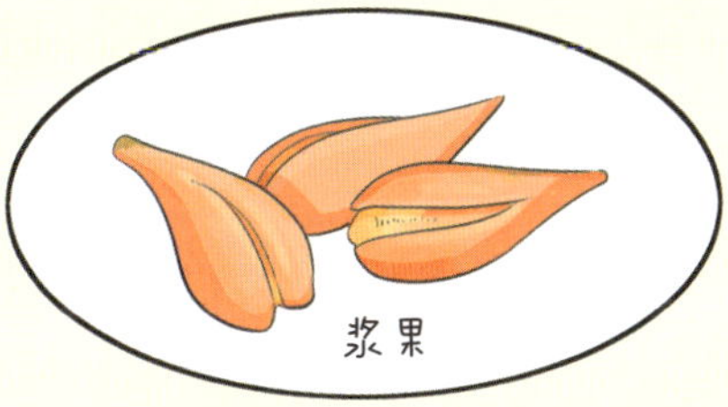

装饰凉亭的物品也五花八门，有浆果、花朵、树叶、苔藓、菌类、羽毛、昆虫壳、蜗牛壳、玻璃、金属、塑料、线绳等，无奇不有。

园丁鸟的"求婚仪式"

雌鸟会飞进心仪的凉亭准备接受求婚。

雄鸟求婚时载歌载舞，极其卖力，通常是口衔礼物伴随舞蹈来求婚。

32 琴鸟为什么要表演“模仿秀”

哈哈哈哈！
哈哈哈哈！
是谁在笑？博士，我害怕！
铛！铛！铛！
铛！铛！铛！
这是敲钉子的声音？
孩子们不要怕，我知道了，是琴鸟，森林中的“口技大师”！
琴鸟？

自然界的“口技大师”——琴鸟

琴鸟分布于澳大利亚东南部，仅有两种，即艾氏琴鸟和华丽琴鸟（澳大利亚国鸟）。雄性琴鸟的尾羽可长达 70 厘米，张开时像一把古希腊的竖琴，因而得名琴鸟。琴鸟非常擅长效鸣和鸣啭，能模仿它们所听到的各种声音。

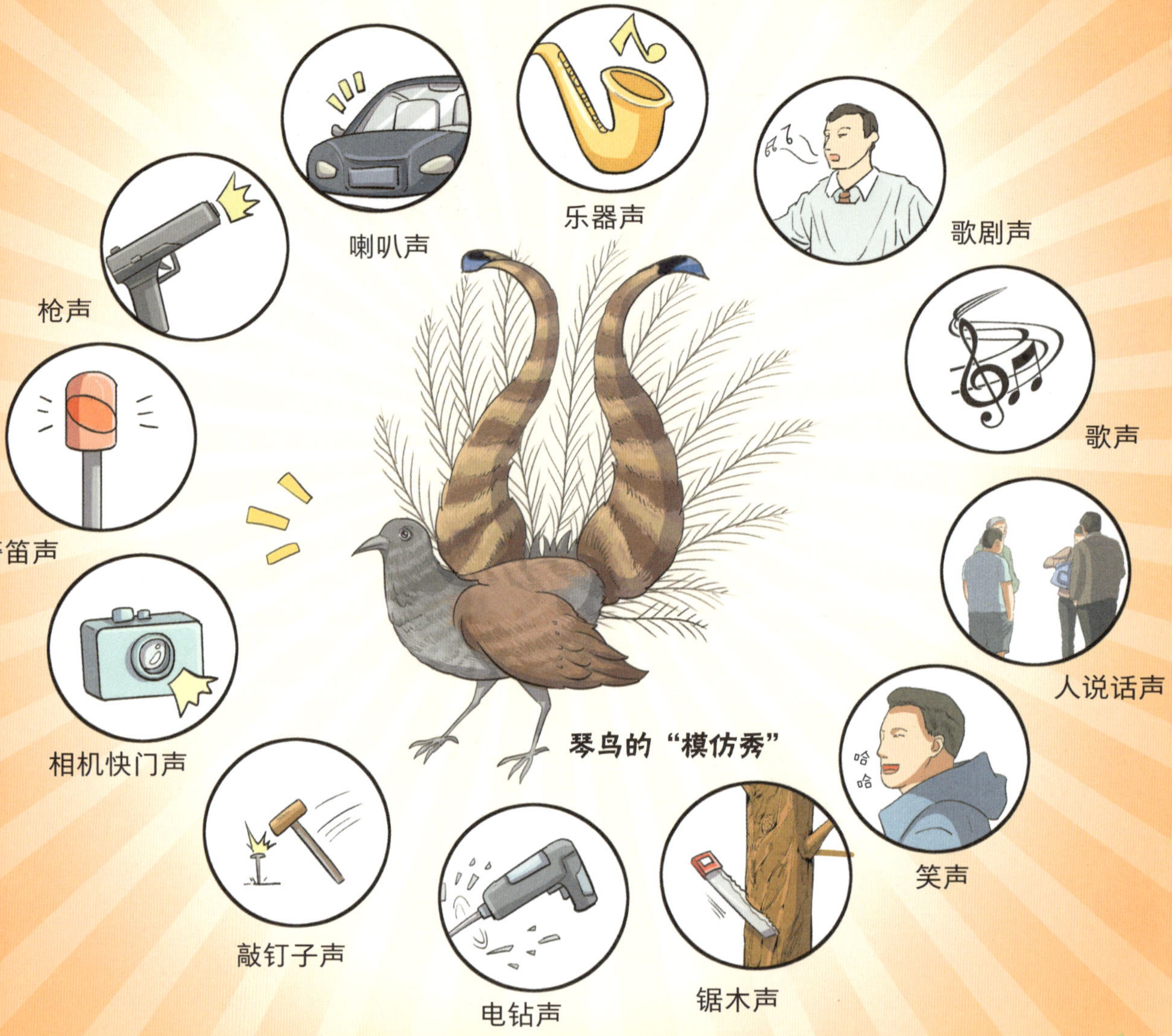

琴鸟的“模仿秀”

琴鸟是“一夫多妻”制，雄鸟通过多变的鸣声、热情的舞蹈和美丽的尾羽来吸引雌鸟。雌琴鸟独自抚养后代。雄性幼鸟两岁以后才会长出美丽的尾羽。雄琴鸟不仅为心仪的雌鸟表演歌舞，还会为园丁鸟的婚礼“客串”当乐队。

哇！世界上竟然有这么有趣的鸟。
看！它要“登台表演”了！
登台？“台”是指它脚下那个土堆吗？
是的，土堆是雄鸟建造的领地，它有时会在一平方千米的范围内建十几个这样的土堆，警告其他雄鸟不得侵入。
呼——
呼——
呼——
呼——
哈哈！好精彩的“超级模仿秀”！
哈哈！原来玩电子游戏的是它！

33 鸸鹋与鸵鸟是同一种鸟吗

它们都体形巨大，不会飞，擅长奔跑。
它们都是“跆拳道高手”，常常用“踢”的方式抵抗入侵者。
主要生活在干旱的荒漠或稀树草原地带。
都是杂食动物，吃植物，也会吃小动物。

这么多共同点，更加分不清了！
不要着急，听我慢慢说。

博士，先说说这两种大鸟为什么都不会飞吧。

原鸽
有龙骨突
鸵鸟
无龙骨突
会飞的鸟有个共同特点，就是胸骨上有“龙骨突”，其上能附着更多的肌肉，牵引翅膀飞翔。
但鸵鸟、鸸鹋等少数鸟类属于“平胸总目”，没有龙骨突，不具备飞行能力。

还是分不清！
我有个好办法！据说，鸵鸟害怕时会把头埋进沙子里！
啊？这样怎么呼吸啊？
哈哈，那是误解。鸵鸟没必要害怕，没人能跑过它，更没人能踢过它们。
那这种说法从何而来呢？
鸵鸟生活在热带荒漠地带，近地面的热空气上升会使远处的景物扭曲变形，鸵鸟低下头时，它们的羽毛颜色与环境色融为一体，远看好像灌木丛，因此具有一定的伪装作用。
鸵鸟有时会吃沙子帮助消化，但“把头埋进沙子里”从未真正被证实过。大概是因为它们个子太高了，低下头时，远处的人误以为它们把头埋进沙子里了。

我们比较熟悉的是非洲鸵鸟，此外还有一种美洲鸵鸟，它们与鸸鹋更为相似！
非洲鸵鸟
美洲鸵鸟
鸸鹋（也被称为澳洲鸵鸟）
这是“找不同”游戏吗？博士饶了我吧！都叫大鸟不就好了。
可是我想知道它们之间有什么区别！怎么能都叫大鸟就算了？
哈哈哈，博士还是给我们讲讲吧！
我们每个人都有自己的名字，总不能都叫酷多啦吧！
好吧，那么我就以非洲鸵鸟为例，讲讲它与鸸鹋的区别。

非洲鸵鸟与鸸鹋的区别

体形

鸵鸟是世界上现存最大的鸟类，雄鸟高可达 2.75 米，雌鸟稍小。

鸸鹋是世界上第二大的鸟类，身高 1.5~2 米，体重 30~45 千克 。

速度

鸵鸟奔跑的最高时速为 70 千米，是跑得最快的鸟类。

鸸鹋奔跑的最高时速为 48 千米。

脚趾

鸵鸟是世界上唯一只有两个脚趾的鸟类，另外两个脚趾已退化。

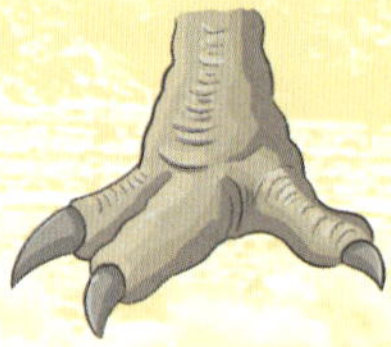

鸸鹋有三个脚趾，另一个脚趾已退化。

翅膀

鸵鸟虽然不会飞，但仍然有一对扇起来呼呼生风的大翅膀。

鸸鹋的翅膀则严重退化，隐藏在羽毛下，十分不起眼。

羽色

非洲鸵鸟

鸸鹋

雄鸵鸟的羽毛以黑、白两色为主，雌鸵鸟的羽毛则以灰褐色为主。

雌、雄鸸鹋羽色接近，羽毛长而卷曲，自颈部向身体的两侧覆盖。

繁殖

鸵鸟通常一夫多妻，也有的一夫一妻。所有雌鸟把蛋产在同一个巢中，雌、雄鸵鸟轮流孵化。

鸸鹋的婚配制度比较复杂，但同样是所有雌鸟把蛋产在同一个巢中，雌、雄鸸鹋轮流孵化。

鸟蛋

鸵鸟蛋为乳白色，是鸟蛋中最大的，每个重约 1 500 克。

鸸鹋蛋为墨绿色，每个重 450~650 克。

分布

鸵鸟主要分布于非洲。

鸸鹋主要分布于澳大利亚。

34 为什么食火鸡很危险

呃……这是……
砰！
快跑！
天哪！
啊！！！
瞬移！
安全了！

幸亏你跑得快，不然就危险了！那是食火鸡，一种攻击性很强的鸟类。
我以为那是绿色的瓜，谁知道是鸟蛋。
刚才……它用一双大眼睛盯着我！
一身黑色的羽毛！
头上顶着一块石头！
一对恐龙一样粗壮的大爪子！
脖子下面垂着两块红色的肉！
没错，食火鸡全身都是武器。
博士，如果被它攻击会怎么样呢？
轻者伤，重者亡！所以一定要与野生动物保持距离。

食火鸡到底有多危险

食火鸡，学名鹤鸵，是体形仅次于鸵鸟和鸸鹋的第三大鸟，主要分布于澳大利亚和新几内亚岛等地。

食火鸡的头上有骨质的鸟冠，非常坚硬，像坚固的头盔一样保护着头部，因而叫作“骨盔”或“骨冕角”。

食火鸡主要以果实为食，偶尔吃一些鱼、鸟、老鼠等小动物。

之所以得名食火鸡，一是因为它们脖子下面生有火红的肉垂，二是因为它们不仅不怕火，还喜欢啄食燃烧后的木炭帮助消化。

食火鸡的双腿粗壮有力，双脚腾空踹出时，其力量能使狗、马等动物毙命，也有人被攻击致死的案例。

食火鸡身上披着黑色的刺状羽毛，翅膀退化，不能飞翔，但是奔跑速度很快，最高时速可达 50 千米。

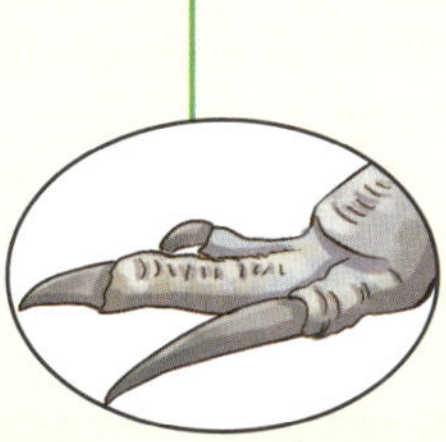

三个脚趾又长又尖，其中最内侧的脚趾有长达 12 厘米的趾甲，像匕首一样锋利。

35 世界上有无翼鸟吗

海洋上空
这几天真是大开眼界，什么奇怪的鸟都见过了。
博士，接下来去哪儿？
离开澳大利亚，我们再去另外一个被海洋隔绝的神奇岛国——新西兰。
西蓝花吗？我对蔬菜不感兴趣。
新西兰是一个国家！

哈哈哈！我提一个问题，你一定感兴趣。
世界上有“无翼鸟”吗？
没有翅膀的鸟？博士在考我们脑筋急转弯吗？
我的脑筋不太会转弯！
有了！一只烧鸡，被酷多啦吃掉了两个翅膀。
博士，您就不该急着喝水！
哈哈哈！！！
噗
很机智的答案，可是我不是在考你们脑筋急转弯。

世界上怎么会有没翅膀的鸟？
我知道了！一定就在西蓝花，哦不，新西兰！
应该是，不然博士不会问这个问题。
嘿，你们还真聪明！
博士快告诉我们吧！到底是什么鸟？
它就是无翼鸟目的几维鸟。
好奇怪的名字。
长得像个长把梨。
几维鸟还有很多奇特之处呢！

几维鸟的翅膀去哪儿了

几维鸟的叫声为 keee-weee 的发音，因此得名“几维”。几维鸟又称鹬鸵、奇异鸟、无翼鸟等，是新西兰独有的鸟类。它不仅是新西兰的国鸟，而且是新西兰人的代名词。

几维鸟的眼睛很小，视力很差，但嗅觉灵敏，这是由于它们的鼻孔长在喙的尖端，而不是基部。

几维鸟的嘴巴长约 10 厘米，便于捕捉土壤深处的小虫。休息时还可以用嘴巴辅助两条腿来支撑身体，保持平衡。

几维鸟虽然不能飞翔，但它们的双腿粗壮有力，善于奔跑，最高时速可达 16 千米。几维鸟的四个脚趾上都有尖锐的趾甲，便于它们在泥土中寻找食物。

几维鸟身上长满蓬松细密的丝状羽毛，看上去像个猕猴桃。事实上，猕猴桃（kiwi fruit）正是根据几维鸟而命名的。

几维鸟很容易受到惊吓，每天睡眠约 20 小时，主要在夜间活动，以躲避天敌袭击。

一般认为，几维鸟在进化过程中经历了数百万年没有天敌的时光，同时几维鸟只需要在低矮的灌木丛中觅食，不需要飞到高处，长期不用双翅，致使翅膀在百万年间逐渐退化。

36 信天翁为什么被称为“海洋之鸟”

“漂泊”一词用得好！世界上约有 20 种信天翁，最大的一种就叫“漂泊信天翁”。
这种飞行方式叫作滑翔。
就是像鹰一样，随着上升的热气流飞向高空？
与鹰飞向高空不同，信天翁经常贴着海面飞行。
是啊，看，风越大它们飞得越起劲呢！

世界上体形最大的飞鸟

信天翁是世界上体形最大的飞鸟，其中漂泊信天翁是最大的一种信天翁，其翼展平均可达 3.1 米，最大可达 3.7 米。

宽阔的翅膀使信天翁具有超强的滑翔能力，它们可以在空中滑翔 6 天而不用挥动翅膀，每下降 1 米高度可以滑翔 22 米远。

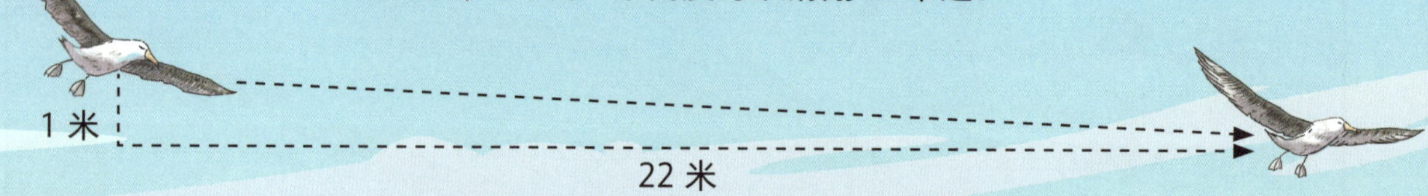

信天翁的“滑翔四部曲”

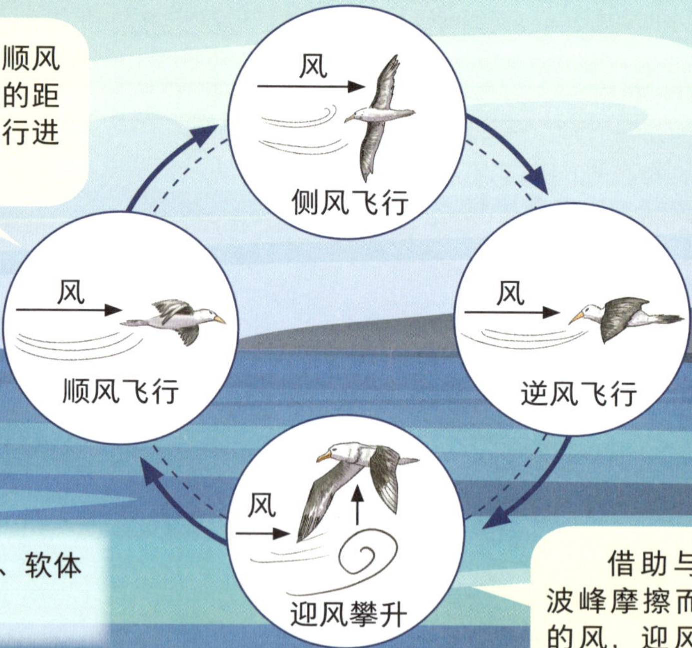

信天翁以鱼类、软体动物等为食。

南纬 40° 地区每月有 20 多天都是疾风巨浪，信天翁在海面上随风漂泊，10 个月可飞行1.5万千米。
它们不休息吗？
无风时它们在海面休息，有时也会潜水。
信天翁还有一种“单半球慢波睡眠”模式，只用半个大脑工作，可以边飞边睡！
一边睡觉
一边值班
只有在繁殖季节，信天翁才回到陆地。信天翁宝宝的孵化期可长达 2 个月。
幼鸟离巢后就开始长达五年之久的海上漂泊生涯，再次上岸是为了寻找伴侣。
这样说来，信天翁还真是名副其实的“海洋之鸟”！

37 企鹅为什么不怕冷

奇奇，你在玩什么？
看！我的“雪龙号”漂亮吧！
什么是“雪龙号”？
“雪龙号”是目前我国最大的极地考察船，要是我能乘着它去南极就好了！
南极？好想去南极看可爱的企鹅哦！
感觉不妙……

酷多啦，往
哪儿溜！
你们不会是想
让我带你们去
南极吧？
不然呢？我的“雪
龙号”又不是真的。
据我所知，南极洲是世界上
最寒冷的地区，全洲年平均
气温为 -25 ℃，极端最低气
温曾达 -89.2 ℃！我可不去！
那么冷？
企鹅不是都
好好地生活
在那里吗？
你这有超能
力的外星猫
怕什么！
那我先研究一下企鹅为什么不
怕冷，说不定对我们有帮助。
这才像个有担
当的外星猫。

企鹅是怎样御寒的

企鹅有“海洋之舟”的美称，是一种古老的游禽，大多数都分布在南半球。企鹅能在 -60 ℃的严寒中生活、繁殖，主要以磷虾、乌贼、小鱼为食。

（1）企鹅身体最外层的羽毛叫作正羽，正羽由许多小的羽枝组成，而羽枝又由更细小的羽小枝组成。羽小枝致密地交错勾连在一起，使羽毛非常保暖。

（2）正羽下面是一层毛茸茸的绒羽，其数量超过正羽的 4 倍，像柔软温暖的贴身羽绒服。

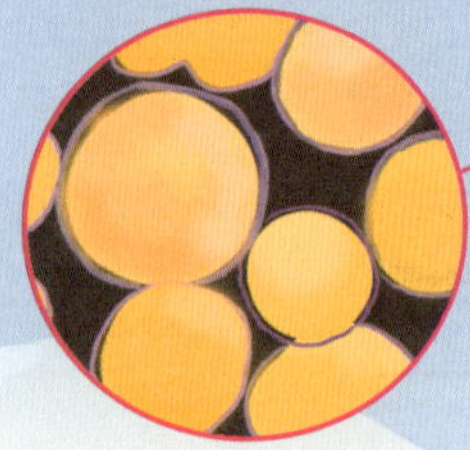

（3）企鹅身体内有厚厚的脂肪层，脂肪不仅为身体提供能量，而且有防止热量散失的作用。

（4）要防止脚部冻伤，就要降低脚与冰面的温差。企鹅等鸟类的血液循环是“逆流热交换”方式，可以使脚的温度与冰面温度接近。

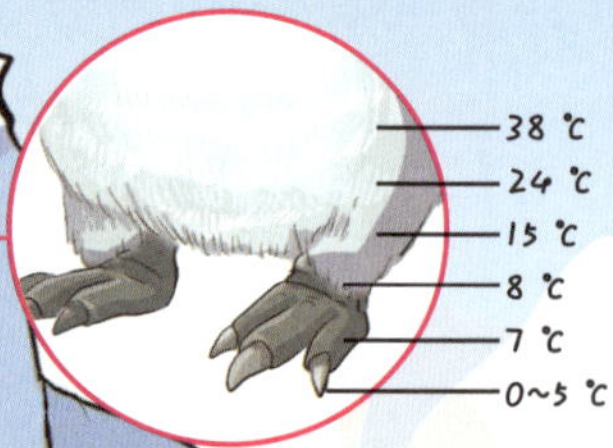

企鹅的栖息地受多种因素影响，有的企鹅喜欢在冰架和海冰上栖息，有的企鹅喜欢在无冰区的岩石上栖息。

哈哈哈！
酷多啦，你有这么多脂肪，一定不怕冷！
谁说的？我又没长羽毛。
再说，企鹅还会“抱团取暖”。
抱团一段时间后，外层的企鹅会逐渐移到内层，内层的企鹅慢慢换到外层，这样谁都不会一直冻着。
成年企鹅们还会把企鹅宝宝们围在中间，替它们抵挡风雪。
爸爸的怀抱一定特别暖和。
哇！你看，企鹅爸爸还会把宝宝放在自己脚上。

38 为什么岩雷鸟会季节性换羽

雷鸟？和打雷有什么关系吗？
挥
我来回答！
嘻嘻！在印第安人的传说中，雷鸟能呼唤雷电。
在……
干吗抢我台词？我已经搜索到答案了！
酷多啦，你来继续说好啦。
雷鸟长着白色的羽毛，生活在寒冷的地方，对不对？
你说得不完全对！
别争了。酷多啦，趁你现在能量满满，快带我们去看雷鸟吧！
就是就是，这才是正经事！

这是到哪儿了？
有人吗？请问想找雷鸟该怎么走？
欢迎来到新疆阿勒泰，你们找我有事吗？
你就是雷鸟？
我是雷鸟属的岩雷鸟，主要生活在北极附近的冻原灌丛及泰加林等特殊环境中，也能在中国新疆的阿勒泰地区找到我们。
不知道有没有白色羽毛的岩雷鸟。
哈哈哈！现在是夏天，哪有岩雷鸟在夏天还穿着冬装呢。
你是说你们在冬天才会变成白色吗？这是为什么呢？
其实无论是变成白色，还是变成黄褐色，都是为了保护自己。

四季换羽的岩雷鸟

岩雷鸟，俗称雪鸡，极耐寒，主要栖息在北极圈以内或高山地带。它们四季换羽，羽色随环境而变化。这主要是因为岩雷鸟飞不高也飞不远，攻击性弱，只能利用保护色隐藏自己，得以生存。

夏

岩雷鸟的羽毛变成麻灰色，带有棕黄色斑纹。

秋

岩雷鸟的羽毛换成麻黄色，与枯黄的植被浑然一体。

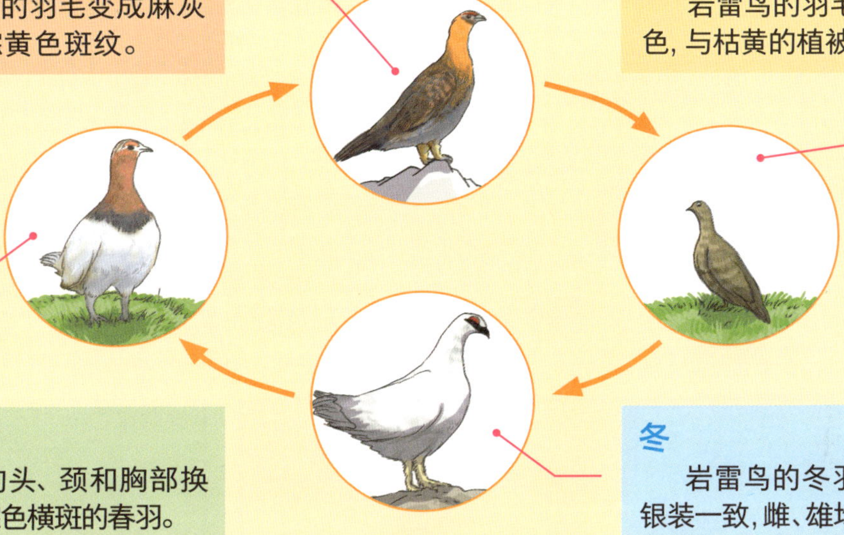

春

雄鸟的头、颈和胸部换成了有栗棕色横斑的春羽。

冬

岩雷鸟的冬羽与大地的银装一致，雌、雄均全身雪白。

动物的保护色

除了岩雷鸟，还有许多动物也能根据周围环境的变化改变自身的颜色，这种与环境色彩相似的颜色叫作保护色。保护色可以隐蔽自己的行踪，避免被天敌或者猎物发现，从而更好地躲避危害或捕获猎物。

林鸱（chī）站立不动时，看上去就像树枝上生出的一截枝杈。

林鸱

鸮鹦鹉几乎全身羽毛都呈现苔藓一般的黄绿色。

鸮（xiāo）鹦鹉

斑尾榛鸡

林夜鹰白天通常一动不动地蹲伏在树枝或林中地面休息，很难被发现。

林夜鹰

大麻鳽（jiān）

39 为什么北极海鹦嘴里塞满了鱼

就是它！
哈哈哈！太可爱了。
它叫海鹦。
冰岛国鸟！
哎呀！说重点，捕鱼的事！
它的别名叫“海上小丑”。
太形象了！眼睛和嘴巴像化了妆的小丑。
走路姿势也很滑稽可爱。
快说说它是怎么捕鱼的！

北极海鹦是北极地区特有的珍稀鸟类，主要以玉筋鱼、鲱鱼、柳叶鱼、沙鳗、小虾等为食。

海鹦的捕鱼本领极强，一次可以带回十几条小鱼，甚至能多达 60 条。

海鹦的喙呈三角形，边缘有深沟和尖刺，张开时的宽度很大，紧紧闭合时令小鱼难以逃脱。

海鹦喂养雏鸟的方式不是先吞入嗉囊再反刍喂给雏鸟，而是直接喂细小的海鱼。

海鹦作为“捕鱼能手”，总是满载而归，因而常常遭到海鸥的抢劫。

企鹅
海鹦的外表有点像企鹅，但它们有企鹅望尘莫及的本领——飞行。
海鹦飞行时速可达88千米，每分钟扇动翅膀约400次。
海鹦擅长游泳，它们经常成群地在海中漂游，只有繁殖季节才会上岸。
海鹦也是潜水高手，可潜入40~60米深处的海水中捕食。
海鹦体长只有26~38厘米，但在繁殖季节，雄性却能用自己的喙和脚蹼挖出60~120厘米的洞穴，为未来的宝宝安家。

海鹦真是海陆空全能，本领高强啊！

那么可爱又那么勤奋，真棒！

哎呀！这么可爱的鸟竟然有人吃它们！
冰岛传统美食

这是北极地区的古老传统，但现在人们对海鹦的保护意识已经越来越强了。

40 为什么北极燕鸥一年能过两个夏天

无所不能的博士！您说，我们能不能每年过两个夏天？
博士！
除非用超能力！
这……你还真有想象力！
确实有一种鸟每年都可以过两个夏天，它们就是北极燕鸥。
可是北极没有两个夏天啊！而且北极的夏天很短暂。
所以想过两个夏天是很辛苦的！要飞到南极去过。
什么？！
啊？！
真的？！

这太夸张了吧！北极到南极……
它们年年都这样吗？
是的，它们每年都会在北极与南极之间往返一次。
有研究显示，北极燕鸥每年要完成南北极之间 4 万千米的迁徙，是目前已知的迁徙距离最长的动物。
北极
迁徙路线
迁徙路线
南极
一只北极燕鸥的寿命大概是 30 年，它们一生的飞行距离相当于往返月球 3 次的距离。
哇！超能力！超能力！
因此，北极燕鸥也是唯一一种在七大洲都能见到的鸟类。

北极燕鸥的迁徙过程

北极燕鸥是世界上迁徙距离最长的动物，它们每年在两极之间往返一次，行程长达数万千米。

当北半球是夏季的时候，北极燕鸥会在北极圈内孕育后代。6月底，小北极燕鸥破壳而出，迅速成长。

8月中旬，北半球开始进入秋季时，北极燕鸥便带着小北极燕鸥一起，开始向南极远征。

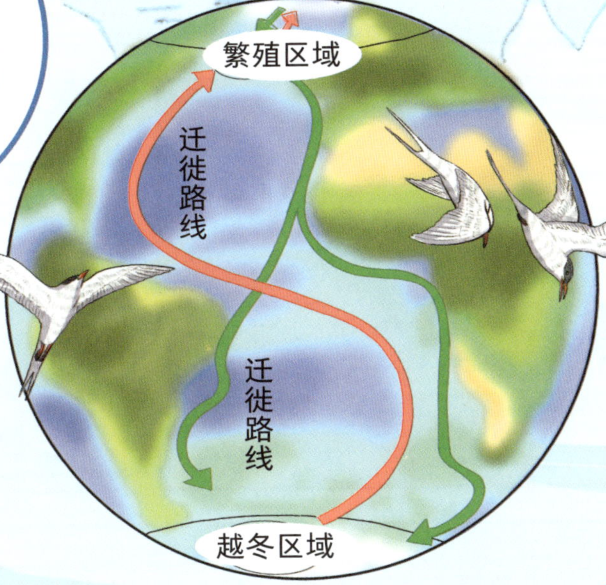

10月底，北极燕鸥到达南极周围海域，在这里，它们可以尽情享用南半球夏季丰富的藻类、鱼类、磷虾等食物。

次年3月，在南极做客数月之久的北极燕鸥换上新羽，然后重新飞往北极。

次年5月初，它们回到北极，准备再次迎接北极的夏季。

41 怎样救助野生鸟类

酷多啦，我们今天要去参加“国际爱鸟日”活动，要不要一起去？
当然去！我也是爱鸟卫士嘛！
鸟语花香，真令人心情舒畅！
为什么会有“国际爱鸟日”这种节日？
因为鸟类是大自然的重要成员，对维护生态平衡和生物多样性起着重要的作用。
那么什么时候是“爱猫日”呢？
你不缺爱吧？

看！地上有只小鸟！
啾～啾～啾～
它的翅膀受伤了！
它可能是不小心从巢里掉下来的。
我们该怎么办？
幸好我带了它。
鸟类救助手册
快看看上面是怎么说的？
鸟类救助手

救助野生鸟类的方法

准备一个容器，例如纸盒或纸袋，并在容器上戳一些气孔。容器的大小要确保小鸟能够在里面站立和转身。

把干净的织物，如毛巾、毯子、衣服等放入容器，以便小鸟的爪子能抓住织物。

在救助小鸟之前先要保护好自己，戴好手套，防止被小鸟的喙或爪子伤到，因为它们可能携带病菌。

用织物轻轻盖住被救助的小鸟，小心地把它移动到准备好的容器中。

如果小鸟的身体已经受伤了，要用织物包裹住它，以免它们因挣扎对自己造成更大的伤害。

鸟类的正常体温高于人体，因此要确保小鸟所处的环境温度不低于你掌心的温度，必要时可以采取加热措施。

黑暗可以减轻鸟类的恐惧，因此不要出于好奇随便打开容器。

不要立即给小鸟喂食物和水，不恰当的食物或喂食方式可能会使它们受到伤害，甚至窒息。

呼叫专业的野生动物救护中心，寻求帮助。

刚好我们有装食物的纸袋。
我还带了一块小餐巾，可以用来包裹小鸟。
那我做什么呢？我抱着它，做小鸟的“加热设备”吧！
你可不要总是打开来看，会吓坏它的！
放心吧！
又有一只鸟，它被绳子缠住了！
快解开绳子！它好像没有受伤。
我们要不要把它也救回去？
手册上说，当鸟没有受到伤害时，不需要救助，将它放生是最好的做法。